国家职业技能等级认定培训教材——合编版

茶艺师

（基础知识）

人力资源社会保障部教材办公室　组织编写

中国劳动社会保障出版社

图书在版编目(CIP)数据

茶艺师:基础知识 / 人力资源社会保障部教材办公室组织编写. -- 北京:中国劳动社会保障出版社,2020

国家职业技能等级认定培训教材:合编版

ISBN 978-7-5167-4548-9

Ⅰ.①茶… Ⅱ.①人… Ⅲ.①茶艺-中国-职业技能-鉴定-教材 Ⅳ.①TS971.21

中国版本图书馆CIP数据核字(2020)第143545号

中国劳动社会保障出版社出版发行

(北京市惠新东街1号 邮政编码:100029)

*

三河市华骏印务包装有限公司印刷装订 新华书店经销

787毫米×1092毫米 16开本 10.25印张 187千字
2020年9月第1版 2025年1月第9次印刷

定价:19.00元

营销中心电话:400-606-6496

出版社网址:http://www.class.com.cn

版权专有 侵权必究

如有印装差错,请与本社联系调换:(010)81211666
我社将与版权执法机关配合,大力打击盗印、销售和使用盗版图书活动,敬请广大读者协助举报,经查实将给予举报者奖励。

举报电话:(010)64954652

前　言

为贯彻落实中共中央、国务院《关于分类推进人才评价机制改革的指导意见》精神，推动茶艺师职业培训和职业技能等级认定工作的开展，在茶艺师从业人员中推行职业技能等级制度，推进实施职业技能提升行动，人力资源社会保障部教材办公室组织有关专家对原茶艺师国家职业资格培训教程进行了优化升级，组织编写了国家职业技能等级认定培训教材——合编版。

本套教材依据相关《国家职业技能标准》（以下简称《标准》）、结合岗位工作实际编写，内容上体现"以职业活动为导向、以职业能力为核心"的指导思想，突出职业技能等级认定培训特色；结构上针对茶艺师职业活动领域，按照职业功能模块分级别编写。

本书是国家职业技能等级认定培训教材——合编版中的一种，适用于各级别茶艺师的培训，是国家职业技能等级认定培训推荐用书。

本书由余悦、刘燕、王欢、曾添媛、李捷、龚夏薇、龚凤婷、赖蓓蓓、刘凤英、龚建华、连振娟、柏凡编写，余悦主编统稿，刘燕任副主编，程王林审稿。由于时间仓促，不足之处在所难免，欢迎提出宝贵意见和建议。

人力资源社会保障部教材办公室

目 录

第一章 职业道德 ··· 1
  第一节 职业道德基本知识 ··· 1
  第二节 职业守则 ·· 4

第二章 茶文化基本知识 ·· 8
  第一节 中国茶的源流 ·· 8
  第二节 饮茶方法的演变 ··· 15
  第三节 中国茶文化精神 ··· 21
  第四节 中国饮茶风俗 ·· 29
  第五节 茶的外传及影响 ··· 34
  第六节 外国饮茶风俗 ·· 37

第三章 茶叶知识 ··· 47
  第一节 茶树基本知识 ·· 47
  第二节 茶叶种类 ·· 53
  第三节 茶叶加工工艺及特点 ··· 58
  第四节 中国名茶及其产地 ·· 60
  第五节 茶叶品质鉴别知识 ·· 78
  第六节 茶叶储存方法 ·· 79
  第七节 茶叶产销概况 ·· 81

第四章　茶具知识 ··· 86
第一节　茶具的历史演变 ······························ 86
第二节　茶具的种类及产地 ···························· 88
第三节　瓷器茶具的特色 ······························ 94
第四节　陶器茶具的特色 ······························ 97
第五节　其他茶具的特色 ······························ 99

第五章　品茗用水知识 ···································101
第一节　品茗与用水的关系 ····························101
第二节　品茗用水的分类 ······························103
第三节　品茗用水的选择方法 ··························106

第六章　茶艺基本知识 ···································110
第一节　品饮要义 ····································110
第二节　冲泡技巧 ····································119
第三节　茶点选配 ····································123

第七章　茶与健康及科学饮茶 ······························125
第一节　茶叶的主要成分 ······························125
第二节　茶与健康的关系 ······························128
第三节　科学饮茶常识 ································130

第八章　食品与茶叶营养卫生 ······························134
第一节　食品与茶叶卫生基础知识 ······················134
第二节　饮食业食品卫生制度 ··························135

第九章　劳动安全基本知识 ································141
第一节　安全生产知识 ································141
第二节　安全防护知识 ································142
第三节　安全生产事故报告知识 ························143

第十章　相关法律、法规知识……………………………………………144
第一节　《中华人民共和国劳动法》相关知识………………………………144
第二节　《中华人民共和国劳动合同法》相关知识…………………………146
第三节　《中华人民共和国食品安全法》相关知识…………………………149
第四节　《中华人民共和国消费者权益保护法》相关知识…………………151
第五节　《公共场所卫生管理条例》相关知识………………………………154

第一章 职业道德

道德，是人们共同生活及其行为的准则和规范，是人的人生观和价值观的具体体现。职业道德，就是从事一定职业的人们在工作和劳动的过程中，所应遵循的与其职业活动紧密联系的道德原则和规范的总和。不同时代和不同职业都有其特殊的行为规范。

第一节 职业道德基本知识

职业道德是社会道德的重要组成部分，它作为一种社会规范，具有具体、明确、针对性强等特点。人们在长期的职业实践中，逐步形成了职业道德观念、职业良心、职业自豪感等职业道德品质。

《中华人民共和国职业分类大典（2015年版）》规定："茶艺师是指在茶室、茶楼等场所，展示茶水冲泡流程和技巧，以及传播品茶知识的人员。"这里的"茶室、茶楼等场所"是指茶馆、茶艺馆及被称为茶坊、茶社、茶座的品茶、休闲场所；茶庄、宾馆、酒店等区域内设置的用于品茶、休闲的场所；茶空间、茶书房、茶体验馆等适用于品茶、休闲的场所。茶艺师应具有良好的语言表达能力，一定的人际交往能力，较好的形体知觉能力与动作协调能力，较敏锐的色觉、嗅觉和味觉。

茶艺师肩负着传承优秀文化的使命，要将中国茶文化传承理念贯彻于茶艺的学习和工作当中,促进大众关于茶文化的交流,加深世界对于茶文化的理解,让更多的人热爱茶艺、热爱茶文化的魅力,从而提升中国茶文化及茶产业的影响力。

茶艺师的职业道德是社会主义道德基本原则在茶艺服务中的具体体现,是评价茶艺从业人员职业行为的总准则。其作用是调整好茶艺师与宾客之间的关系,树立起热情友好、诚实守信、忠于职守、文明礼貌、一切为宾客着想的服务理念和作风。

一、职业道德

1. 广义的职业道德
广义的职业道德是指茶艺师在职业活动中应该遵循的行为准则。

2. 狭义的职业道德
狭义的职业道德是指茶艺师在职业活动中应遵循的,能体现职业特征和调整职业关系的职业行为准则和规范。

3. 职业道德的基本范畴
职业道德的基本范畴包括职业义务、职业权利、职业责任、职业纪律、职业良心、职业荣誉和职业幸福。

二、职业道德的作用

1. 有利于提高茶艺师的道德素质和修养
良好的职业道德素质和修养是茶艺师必须具备的基本素质,它不但能够激发茶艺师的工作热情和责任感,而且能使茶艺师更加努力地提高服务质量。

2. 有利于形成茶艺行业良好的职业道德风尚
茶艺行业作为文化产业,需要树立良好的职业道德风尚。这就要求人们必须加强茶艺师的职业道德教育,在茶艺行业中营造学习氛围,从而让茶艺师养成良好的职业道德习惯,促使茶艺行业形成良好的职业道德风尚。

3. 有利于促进茶艺事业的发展
茶艺师遵守职业道德不仅有利于提高茶艺师的个人修养,促使茶艺行业形成良好的道德风尚,而且能够提高茶艺师的工作效率和经济效益,从而促进个人茶艺事业的发展。茶艺师的职业道德水平直接关系到茶艺师的精神面貌和行业形象,只有以奋发向上、精神饱满的工作状态和良好的行业形象面对公众,才能被社会大众认同,个人的茶艺事业才能得到长足有效的发展。

三、职业道德基本准则

职业道德在整个茶艺工作中占有重要的位置，它反映了道德在茶艺工作中的特殊内容和要求。其基本准则包含以下几方面内容。

1. 遵守职业道德原则

职业道德原则是职业活动中最根本的职业道德规范，是指导整个茶艺活动的总体方针，是茶艺师进行职业活动的指导思想，也是对每个茶艺从业人员的职业行为进行职业道德评价的基本标准。

2. 热爱茶艺工作

热爱本职工作是职业道德最基本的要求。茶艺从业人员承载着宣扬茶文化的重任，应对茶艺事业的性质、任务以及它的社会作用和道德价值等作深入了解，能够开展形式多样的茶文化交流活动来增进国人间和各国人民之间的相互了解。茶艺事业作为一项文化事业，能促进传统文化的交流与发展，丰富人们的物质生活，满足人们的精神需要，其社会作用也是显而易见的。

3. 不断提高服务质量

茶艺师应具备认真负责、积极主动的服务态度。服务态度是服务质量的基础，优质的服务是从优良的服务态度开始的。茶艺师的服务态度是指茶艺师在接待品茶对象时所持的态度，一般包括心理状态、面部表情、形体动作、语言表达和服饰打扮等。茶艺师的服务质量是指茶艺师为品茶对象提供服务的过程中所应达到的要求，一般应包括服务的准备工作、品茗环境的布置、操作的技巧和工作效率等几方面的要求。

在茶艺服务中，服务态度和服务质量具有特别重要的意义。首先，茶艺服务是茶艺师与品茶者之间的一种直接的、面对面的服务。其次，茶艺服务的对象一般是追求较高生活质量的人，他们在享受物质生活的同时追求精神上的享受，所以他们特别需要人格的尊重和生活方面的关心、照料。最后，茶艺服务的产品是在服务提供的过程中即被宾客享用，所以要求一次性达标。从茶艺服务的进一步发展来看，也要重视服务态度的改善和服务质量的提高，使茶艺师增强自制力和职业敏感性，形成高尚的职业风格和良好的职业习惯。

四、培养职业道德的途径

1. 强化道德意识，提高道德修养

茶艺师应该深刻认识到其职业的崇高意义，时刻不忘自己的职责，并把它转化为

高度的责任感，从而形成强大的动力，不断激励和鞭策自己干好各项工作。茶艺师应该明白，良好的言行会给品茶的宾客送去温馨和快乐，而不良的言行会给他们带来不适与反感。所以，茶艺师应做到谨言慎行，时刻注意自己的言行举止，使自己的言行符合职业道德规范。

此外，茶艺师还应做到"慎独"。慎独讲究个人道德水平的修养，看重个人品行的操守，是个人风范的最高境界。茶艺师应自尊自爱，时刻都能按照职业道德的原则和规范严格要求自己，对工作尽职尽责，经过长期的锻炼，一定会成为一个品德高尚的人。

2. 积极参加社会实践，做到理论与实际相结合

学习了正确的理论并用它来指导实践是培养职业道德的根本途径。马克思主义伦理学认为，社会实践在道德修养的培养过程中具有决定性的意义。道德修养必须要做到理论联系实际，正确处理好理论知识与社会实际的关系。

理论从实际中来，并接受实践的检验。这要求茶艺从业人员要努力掌握马克思主义的立场、观点和方法，密切联系当前的社会实际、茶艺活动的实际和自己的思想实际，加强道德修养。只有在实践中时刻以职业道德规范来约束自己，才能逐步养成良好的职业道德品质。

3. 开展道德评价，检点自身言行

正确开展道德评价既是形成良好风尚的精神力量，促使道德原则转化为道德品质的重要手段，又是加强道德修养的重要途径。道德评价是道德领域里的批评与自我批评。正确开展批评和自我批评，既可以在茶艺师之间实现相互监督和帮助，又可以促进个人道德品质的提高。

对于茶艺师提高道德品质修养来说，自我批评尤为重要，这种方法从古至今都对个人提升具有深刻意义。

第二节　职业守则

职业守则是职业道德的基本要求在茶艺服务活动中的具体体现，也是职业道德基本原则的具体化和补充。因此，它既是茶艺师在茶艺服务活动中必须遵循的行为准则，又是人们评判茶艺师职业道德行为的标准。

一、热爱专业，忠于职守

热爱专业是职业守则的首要一条，只有对本职工作充满热爱，才能积极、主动、创造性地去工作。茶艺工作是经济活动的一个组成部分，做好茶艺工作，对促进茶文化的发展、市场的繁荣，以及满足消费，促进社会物质文明和精神文明的发展，加强与世界各国人民的友谊等，都有极其重要的现实意义。因此，茶艺师要认识到茶艺工作的价值，热爱茶艺工作，了解茶艺工作的岗位职责、要求，以高水平完成茶艺服务任务。

二、遵纪守法，文明经营

茶艺工作有着特定的职业纪律要求。职业纪律是指茶艺从业人员在茶艺服务活动中必须遵守的行为准则，它是正常进行茶艺服务活动和履行职业守则的保证。

职业纪律包括劳动、组织、财物等方面的要求。茶艺师在服务过程中要有服从意识，听从指挥和安排，使工作处于有序状态，并严格执行各项规章制度，如考勤制度、安全制度等，以确保工作成效。茶艺师每天都会与钱物打交道，因此要做到不侵占公物、公款，爱惜公共财物，维护集体利益。

此外，满足服务对象的需求是茶艺工作的最终目的。因此，茶艺师要在维护宾客利益的基础上方便宾客、服务宾客，为宾客排忧解难，做到文明经营。

三、礼貌待客，热情服务

礼貌待客、热情服务是茶艺工作最重要的业务要求和行为规范之一，也是茶艺师职业道德的基本要求之一。它体现出茶艺师对工作的积极态度和对他人的尊重，这也是做好茶艺工作的基本条件。

1. 文明用语，和气待客

文明用语是茶艺师在接待宾客时需使用的一种礼貌语言。它是茶艺师用来与宾客进行交流的重要交际工具，同时又具有体现礼貌和提供服务的双重特性。

文明用语是通过说话的语气、表情、声调等形式表现出来的。因此，茶艺师在与宾客交流时要讲究语气平和、态度和蔼、热情友好。这一方面取决于茶艺师内在的素质和敬业的精神，另一方面也要在长期的工作中不断训练自己。运用好语言这门艺术，正确表述茶艺师的理念，更好地感染宾客，从而提高服务质量和效果。

2. 整洁的仪容、仪表，端庄的仪态

在与人交往的过程中，仪容、仪表常常是给人留下的"第一印象"。待人接物时，一举一动都会产生不同的效果。对于茶艺师来说，整洁的仪容、仪表和端庄的仪态不仅是个人修养问题，也是服务态度和服务质量的一部分，更是职业道德规范的重要内容和要求。茶艺师在工作中保持精神饱满、全神贯注的状态，会给宾客以认真负责、可以信赖的感觉。另外，茶艺师以整洁的仪容、仪表，端庄的仪态体现出对宾客的尊重和对本行业的热爱，给品茶的宾客留下一个美好的印象。

3. 尽心尽职，态度热情

茶艺师尽心尽职就是要在茶艺服务中充分发挥主观能动性，用自己最大的努力尽到自己的职业责任，处处为宾客着想，使他们体验到标准化、程序化、制度化和规范化的茶艺服务。同时，茶艺师要在实际工作中倾注极大的热情，耐心周到地把现代社会人与人之间平等、和谐的良好人际关系，通过茶艺服务传达给每一位宾客，使他们感受到服务的温馨。

四、真诚守信，一丝不苟

真诚守信与一丝不苟是做人的基本准则，也是一种社会公德。对茶艺师来说，它更是一种职业态度，它的基本作用是树立茶艺师的信誉，树立起值得他人信赖的道德形象。

一个茶艺馆，如果不重视茶品的质量，不注重为宾客服务，只是一味地追求经济利益，那么这个茶艺馆的信誉就会受到影响；反之，则会赢得更多的宾客，也会在竞争中占据优势。

五、钻研业务，精益求精

钻研业务与精益求精是对茶艺师在业务上的要求。要为宾客提供优质服务，使茶文化得到进一步发展，就要求茶艺师必须具备丰富的业务知识和高超的操作技能。另外，茶艺师还应具有"工匠精神"。工匠精神是一种职业精神，是社会文明进步的重要尺度，是职业道德、职业能力、职业品质的体现，也是从业者的职业价值取向和行为表现。茶艺师在工作中面对品茶的宾客时，应注重细节、追求卓越，不断改进茶艺操作技能和完善茶艺服务，做到精益求精。

作为一名茶艺师，要主动、热情、耐心、周到地接待宾客，了解不同品茶对象的品饮习惯和特殊要求，熟练掌握不同茶品的沏泡方法。这不仅要求茶艺师有正确的动机、良好的愿望和坚强的毅力，而且要掌握正确的途径和方法。学好茶艺的有关业务知识和操作技能有两条途径：一是从书本中学习；二是向前辈学习。以科学的态度认真对待自己的职业实践，这样才能练就过硬的基本功，更好地适应茶艺工作。

第二章

茶文化基本知识

第一节　中国茶的源流

一、中国茶叶的源流

1. 茶树的起源

（1）茶树的原产地。根据植物学研究，茶树所属的被子植物门起源于距今约1亿年以前的晚白垩世，而其中的山茶目植物约产生在6 000万年以前。

唐代陆羽《茶经》中提到："茶者，南方之嘉木也。一尺、二尺乃至数十尺；其巴山峡川，有两人合抱者……"这里提到的"南方"，即中国的西南部。根据史料记载和实地调查，已经证实中国是茶树的原产地，中国的西南地区（主要包括云南省、贵州省、四川省）是茶树原产地的中心。

（2）古老的野生茶树。资料显示，在我国已有10个省区发现了200多株野生大茶树，在云南一带还发现了成片的野生茶树林。例如，在云南省普洱市镇沅县千家寨的原始森林中就发现了野生大茶树群落数千亩，其中一株大茶树树龄约有2 700年；云南省西双版纳巴达大黑山密林中有一株高32米的野生大茶树，树龄约有1 700年；云南省勐海南糯山还有上万亩的古茶树林。

（3）茶树的发现与利用。有文献记载："神农尝百草，日遇七十二毒，得茶而解之。"其中的"荼"指茶，原文中特指茶有解毒的功效。陆羽《茶经》中也提到："茶之为饮，发乎神农氏，闻于鲁周公。"这些资料说明，茶的发现与利用最早起源于中国。

2. 饮茶起源

关于饮茶起源，众说纷纭。根据文献记载，中国饮茶起源于神农氏，也有源于秦汉、三国南北朝等说法。

（1）神农说。神农氏发现茶和利用茶，是有关中国饮茶起源最普遍的说法，也有许多民间传说。其中最普通的传说是神农在野外以釜锅煮水时，刚好有几片叶子飘进锅中，煮好的水，其色微黄，入口生津止渴、提神醒脑，以神农过去尝百草的经验，判断它是一种药，从而发现了茶。

（2）秦汉说。根据史料记载，王褒《僮约》中提到"烹茶尽具""武阳买茶"。这一记载告诉人们早在西汉时期茶就已经商品化了，可以用来买卖，而且当时还有专门的饮茶用具。由此可见，在西汉时期人们就已经开始饮茶了。

（3）三国南北朝说。有人认为中国饮茶是源自三国时期吴国皇帝孙皓"以茶代酒"的典故，也有人认为是从曹魏著名经学家王肃提倡茗饮开始的。

3. 茶的称谓

（1）"茶"的字形。"茶"最早是借用"荼"字来记载的。"荼"字最早出现于《诗经》《尔雅》等书，书中提到的"荼"字都是指带苦味的叶子，即苦菜或苦茶。后来人们进一步认识到苦菜是草本植物，而苦茶则是木本植物，为了区分，就在"荼"字左边加木字旁，成了"搽"字，或用"槚"字，专指木本的茶树及其叶子加工成的饮料。

随着历史的发展，"茶"还用了许多字来代替。陆羽的《茶经》中提到了五种："其字，或从草，或从木，或草木并。其名，一曰茶，二曰槚，三曰蔎，四曰茗，五曰荈。"商末周初周公说，槚就是苦茶；西汉扬雄说，蜀西南人称茶为蔎；两晋郭璞说，早采者称为茶，晚采者为茗；有的也称为荈。

（2）"茶"的字音。"茶"的字音最早源自中国。茶最初是由中国输出到世界各地的，所以各国对茶的发音也源自中国。

在世界各种语言中，"茶"的发音主要分为两大体系。一是依据中国北方方言而来的"cha"音。"茶"字在唐代传至日本，所以日语"茶"字与汉语完全相同，读音也是"cha"；印地语和俄语中"茶"的读音基本上也都是"cha"。二是依据中国闽南方言而来的"te"音。福建厦门对外贸易发展较早，茶由此传至欧洲，成为英语的"tea"和法语的"the"。

二、中国茶业的源流

中国茶叶和茶文化初兴于巴蜀。自秦入巴蜀之后，随着国家的统一及各地经济、文化的发展和交流的加强，中国茶业不但在巴蜀，在全国其他地区也逐步发展并传播开来。

1. 唐代以前—茶业的发展

两汉时，在《尔雅》《说文解字》等文献中有提到关于茶的专门介绍和记述。当时长江中游的荆楚范围内就生产茶叶。西汉时，荆楚茶业发展到位于湖南与广东、江西接壤处的茶陵，湖南种茶业发展迅速。王褒《僮约》中表明巴蜀在西汉时已经形成若干茶业产区，武阳还形成了专门销售茶叶的市场。

三国两晋时，在江南和浙江沿海的中国东部地区，茶叶的饮用和生产已逐渐传播开来。

南北朝时期，茶业的发展在三国两晋的基础上得到继承和延续，随着经济的发展，南方江淮、江浙沿海一带的茶业得到了较大的发展。

2. 隋唐五代—茶业的繁荣

隋朝统一全国后修凿了一条沟通南北的运河，大大促进了中国经济、文化以及茶业的发展。

唐代，尤其是唐代中期，是中国茶业快速发展的时期。茶从南方传到中原，又由中原传到边疆少数民族地区，变成了众所周知的举国饮用，所以在中国史籍中有茶"兴于唐"之说。

唐代中叶陆羽的《茶经》问世，成为世界上最早的一部茶叶专著，推动了中国茶业的快速发展，一直为后人流传。其中"八之出"中列举了当时中国茶叶的产区，有山南、淮南、浙西、剑南、浙东、黔中、江南和岭南，可见当时茶叶生产的规模就有相当不错的局面。唐代诗人白居易《琵琶行》中的"商人重利轻别离，前月浮梁买茶去"，也突显了当时南方茶叶贸易往来的频繁。

在唐代皇宫中，皇帝将紫笋茶和阳羡茶列为贡茶，还形成了以茶赏赐群臣，以示恩信的一种习惯和制度。赐茶成了一种上等的礼遇，也成就了宫廷饮茶之风的盛行，也使饮茶上升为一种文化。当时还制有专门的饮茶用具，有金银、瓷器、琉璃等质地。陆羽《茶经》"四之器"中列举了茶器和饮茶用具二十余件。1987年4月3日，陕西扶风法门寺唐代地宫出土了一套宫廷茶具，被视为世界上发现的时代最早、最完整、最为精美华贵的茶具。

唐代中叶以后，茶产量得到了大幅度提高，制茶技术也得到进一步发展，中国茶叶生产和技术的中心向长江中下游转移。

3. 宋元——茶业的发展和变革

茶有"兴于唐而盛于宋"的说法。宋代茶叶的发展和变革主要表现在以下方面。一是茶叶重心由东向南迁移。由于气候的原因，闽南、岭南茶业获得了明显发展。二是福建建安茶名冠全国，制茶技术卓越，北苑龙凤团茶被列为贡茶。三是各地饮茶的普及，城镇茶馆林立，茶馆文化得到了较大的发展。四是宋徽宗赵佶撰写茶书《大观茶论》，崇尚饮茶，发展斗茶、分茶的饮茶方法。五是在唐代未成形的榷茶制度在宋代正式推行实施，榷茶与茶马互市是中国宋代乃至明清茶政的两项主要内容。另外，在宋代，茶业和茶学著作也有很大的发展。

元代统一全国后，中原和北方饮茶风俗再兴。元代在统治过程中，推行了有利于农业生产的措施。由官府编写和印发了《农桑辑要》一书，另外王祯出版了《农书》和《农桑撮要》两部农书。元代统治者对茶的生产和贸易采取支持的态度，对于中原和北方茶业的发展有一定的促进作用。

4. 明清——茶业的发展与变革

明清时期，一方面茶叶饮用方式不断变化，加工技艺高速发展；另一方面，西方殖民者的入侵，使中国茶业遭受到极大的破坏。

明清茶业的发展与变革主要表现在：一是茶叶的生产制作由紧压茶转向散茶发展；二是明代朱元璋"废团兴叶"，散茶入贡；三是简化饮茶方法，推崇"瀹饮法"，即用热水直接冲泡叶茶的方法；四是随着茶叶加工技术的快速发展，中国六大基本茶类已齐全。

5. 近现代——茶业由盛而衰

中国茶业有着悠久历史，与社会民生密切相关，历史上曾是中国主要的出口商品。

在19世纪80年代中期前的百余年间，中国茶叶一直饮誉世界。19世纪80年代后期开始，由于殖民者扶持并经营世界各地殖民地的茶叶生产，于是有了印度、斯里兰卡（旧称锡兰）、印度尼西亚（旧称荷印）等茶业的兴起，逐渐夺走了中国茶叶的对外贸易市场。同时，也由于清政府的不作为与当时经济的落后，致使中国茶业日趋衰退。

民国时期，中国茶业备受摧残，洋行、买办和茶栈剥削茶商，茶商又重重盘剥茶农，处于最底层的茶农生活苦不堪言，种茶甚至成了一种负担，终使中国茶业走上了崩溃的边缘。在重重剥削和压迫下，1949年，中国仅有茶园面积15.30万公顷，茶叶产量4.10万吨，茶叶出口0.99万吨，处于历史最低水平。

6. 当代——茶产业复兴时期

1949年10月1日，中华人民共和国成立，茶业生产跨入新时期。在这一时期，中国茶业发展在前进的道路上，虽然有过一些曲折，但依然取得了较大的成绩。1966年开始，中国茶园面积超过印度，成为世界上茶树种植面积最大的国家。特别是改革开放以来，茶业发展速度加快。2004年开始，中国茶叶产量超过印度，成为世界最大产茶国。至2012年，中国茶园面积、茶叶产量位居世界第一，茶叶出口位居世界第二，已进入世界产茶大国之列。

如今，中国茶业正在创造新的活力，被赋予新的精神。

三、中国茶文化的源流

1. 中国茶文化的发展

（1）唐代以前的茶文化萌芽期。唐代陆羽《茶经》称："茶之为饮，发乎神农氏，闻于鲁周公。"茶是我国原始先民在寻求各种可食之物、治病之药的过程中被发现的，先为食用，以后才发展为药用和饮用。

据史籍记载，早在商末周初已有种茶、产茶的迹象，东晋常璩《华阳国志·巴志》称：周武王灭纣后，巴地出产的"……丹漆、荼、蜜……皆纳贡之"，其地"园有……香茗"。《华阳国志·蜀志》载："什邡县，山出好茶"，又有"南安、武阳，皆出名茶"。说明商末周初之后就有种名茶、贡茶了。公元前316年，蜀国王曾以葭萌（古代茶的称呼）作为人名、地名。汉高帝五年（公元前202年），于古长沙国置"茶陵县"。三国时期魏国张揖所著《广雅》载："荆巴间采茶作饼，成以米膏出之。"西晋孙楚《出歌》中有"姜桂茶荈出巴蜀"之句。古时"荼"字虽有苦菜、茶等多种解释，但音茶者多指茶。汉代许慎《说文解字》记载："荼，苦荼也。""茗，荼芽也。"《三国志·吴书·韦曜传》中还有以茶代酒的记载。西晋张载《登成都白菟楼》中有"芳茶冠六清，溢味播九区"的诗句，称茶是最好的饮料。西晋左思《娇女诗》中有"心为茶荈剧，吹嘘对鼎锜"的诗句，说明西晋一些贵族家庭妇孺都饮茶。《晋书·桓温传》中有以茶表示俭朴的记述。以上均说明萌芽状态下茶文化的发展过程。杜育《荈赋》载："灵山惟岳，奇产所钟。厥生荈草，弥谷被岗。承丰壤之滋润，受甘灵之霄降。月惟初秋，农功少休。结偶同旅，是采是求。水则岷方之注，挹彼清流，器泽陶简，出自东隅；酌之以匏，取式公刘。惟兹初成，沫成华浮。焕如积雪，晔若春敷。"全面而真实地叙述了茶树种植、培育、采摘、器具选用、冲泡等茶事活动，描绘了晋代茶业发展的史实，是最早的专门歌吟茶事的诗词类作品。

（2）唐代是茶文化的形成期。陆羽《茶经》中记载，唐代有43个州产茶，随着产茶区域的扩大，饮茶文化也随之普及。

唐代中期成书的《膳夫经手录》记载："茶，古不闻食之，近晋、宋以降，吴人采其叶煮，是为茶粥。至开元、天宝之间，稍稍有茶，至德、大历遂多，建中以后盛矣。"封演所撰《封氏闻见记》中说："古人亦饮茶耳，但不如今人溺之甚；穷日尽夜，殆成风俗。始自中地，流于塞外。"唐贞观十五年（641年）唐太宗李世民将文成公主下嫁吐蕃松赞干布时带去了茶叶和饮茶技艺，自此，西藏也开始普及饮茶。唐德宗建中三年（782年）开始征收茶税。唐顺宗永贞元年（805年），日本来唐留学僧人最澄，将中国的茶叶、饮茶技艺和茶种传入日本。这些都说明饮茶文化、茶叶贸易和传播在唐代已有一定的发展。

唐代时期的茶诗、茶书、茶画等茶文化作品日益增多，其中茶诗词作品甚多，以茶作诗的诗人有百余人，作诗391首，如李白的《答族侄僧中孚赠玉泉仙人掌茶（并序）》、白居易的《山泉煎茶有怀》等，都是茶文化的精彩篇章，大力推动着中国茶文化的快速发展。

陆羽撰写的《茶经》是世界上最早的一部茶叶专著，它的问世标志着中国茶文化的形成。此书被称为茶业的百科全书。陆羽被称为"茶圣"，是中国茶文化的奠基人。

（3）宋元是茶文化的发展时期。宋元时期，茶区规模继续扩大，制茶技术也得到改进，北苑贡茶精益求精。

宋代饮茶更为普及，斗茶之风盛行，皇帝、群臣及老百姓都爱斗茶，形成了一股热潮。宋代的茶文化不断朝着更高阶段的品茗迈进。

走向繁复、奢侈的宋代茶艺，到了元代又返璞归真，追求简约，重返自然。与宋代茶书兴盛的状况相反，元代茶的著作迅速地滑到了谷底。与宋代茶艺崇尚奢华、烦琐的形式相反，北方各民族虽嗜茶如命，但主要出于生活的需要，对品茶煮茗没多大的兴趣，对烦琐的茶艺更不耐烦。

宋元茶书、茶画和茶诗并进，其中茶书25种，以宋徽宗赵佶的《大观茶论》最为引人注目，因为这是历史上唯一一位亲自著茶书的皇帝。茶画有刘松年的《卢仝煮茶图》《撵茶图》《茗园赌市图》《斗茶图卷》，钱选的《卢仝煮茶图》，赵孟頫的《斗茶图》，赵原的《陆羽烹茶图》，等等。这些作品都是我国茶文化的瑰宝。宋代茶诗也不少，陆游、苏轼、黄庭坚、欧阳修等著名诗人都留下了许多茶诗。

（4）明清时期的改革。明清时期，茶类得到改革和发展，明太祖朱元璋发布召令"罢造龙团，惟采芽茶以进"，从此进贡的茶叶改为散芽茶。另外，自明代开始，茶叶的生产工艺也呈现多样化，开始有炒青茶，出现了黄茶、白茶和黑茶。在清代，中国六大基本茶类已齐全。

明清时期茶具中紫砂茶具得到很大的发展，一些工艺大师的作品流传至今，成为中国茶文化的瑰宝。

明清时期饮茶技艺形式多样化，凡事从简，提倡简单的冲泡方法，以壶、杯、盖碗冲泡为主。由于饮茶的普及，全国各地的茶馆也因势兴起，到茶馆喝茶的风气十分浓厚。

明清时期的茶诗、茶书等著作也不少。其中茶诗著作者有明代的徐渭、文徵明、黄宗羲、唐寅等，清代的曹庭栋、曹雪芹、郑板桥、高鹗、陆廷灿、顾炎武等；钱椿年的《茶谱》、许次纾的《茶疏》、罗廪的《茶解》、张源的《茶录》、鲍承荫的《茶马政要》、陆廷灿的《续茶经》等都是颇有影响的茶书。

（5）近现代茶文化进一步走向民间。近现代以来，具有浓郁地方特色的各种茶俗得到定型和发展，最终把综合性的茶馆文化推到了最高峰。各地的茶馆越来越多，现代茶馆业欣欣向荣、蓬勃发展，成为人们生活中不可缺少的组成部分，受到人们的普遍喜爱。

"柴米油盐酱醋茶"，茶是物质的，是生活必需品；但"琴棋书画诗曲茶"，茶也是一种文化，是精神"食粮"。所以，即便是平民百姓，其生活的底线虽然是"粗茶淡饭"，但依然离不开茶；而达官富豪，在酒醉饭饱之余，当然也离不开茶。这就是茶文化的魅力所在。

（6）当代茶文化再创辉煌。当代中国，茶叶发展突飞猛进，名茶数量和品质均为世界前列。历史名茶得以恢复和发展的同时，也新创制了更多的名优茶。

全国各地也陆续开设各种类型的茶文化机构和社团，有茶叶博物馆、茶文化研究会、茶业联合会、茶人联谊会等。茶文化团体的开设促进了中国茶文化事业及茶产业的发展。

随着茶文化事业的发展和茶文化热潮的兴起，涌现出不少茶文化著作和艺术品，如《中国茶经》《中国名茶志》《中国茶文化经典》《中国茶叶大辞典》《中国茶文化大辞典》《中国古代茶叶全书》《图说中国茶文化》等。茶文化艺术品也是琳琅满目，如各种构思和造型巧妙的紫砂壶艺术品，以茶为主题的书画艺术品，还有茶文化内容的篆刻、雕塑、纺织品等都纷纷涌现出来。

进入21世纪以来，茶文化事业发展更快，成绩更加喜人，源于中国的茶文化不但在世界范围内发扬光大，而且更加博大精深，无论是在广度、深度上，还是在高度、精度上，都达到了一个新的境界。

2. 中国茶文化的传播

中国茶文化的传播分为国内传播和国外传播。

中国茶业的始发点在巴蜀。据文字记载和考证，战国时期，巴蜀就已形成一定规模的茶区。顾炎武曾经指出，"自秦人取蜀而后，始有茗饮之事"，认为中国的饮茶是秦统一巴蜀之后慢慢传播开来的。茶沿长江而下，使长江中游或华中地区成为茶业中心。

秦统一全国后，茶业随巴蜀与各地经济文化的交流而发展。茶的加工、种植向东南部湘、粤、赣毗邻地区传播。

三国西晋时期，随荆楚茶业和茶叶文化的日益发展，也由于地理上的有利条件，长江中游或华中地区在中国茶文化传播上的地位逐渐取代巴蜀而明显重要起来。三国时期，南方栽种茶树的规模和范围有很大的发展，而茶的饮用也更为广泛，流传到了北方豪门贵族。西晋时期长江中游茶业的发展，还可以从西晋时期的《荆州土地记》中得到佐证。

东晋南北朝时期，长江下游和东南沿海茶业迅速发展。晋室南渡之后，北方豪门过江侨居，建康（今南京）成为我国南方的政治中心。这一时期，由于上层社会崇茶之风盛行，使得南方，尤其是江东饮茶和茶叶文化有了较大的发展，也进一步促进了我国茶业向东南推进。这一时期，我国东南的茶叶种植由浙西扩展到了现今温州、宁波沿海一线。同时，两晋之后，茶业重心东移的趋势更加明显。

唐中叶以后，长江中下游茶区不仅茶产量大幅度提高，茶叶种植技术也达到了当时的最高水平，因此紫笋茶和阳羡茶也成了贡茶。茶叶生产和技术的中心，正式转移到了长江中游和下游。

当时，江南茶叶生产集一时之盛。史料记载，安徽祁门周围，千里之内，各地种茶，山无遗土，业于茶者无数。在唐代，现在赣东北、浙西和皖南一带，茶业确实有长足的发展。同时，由于贡茶出自江南，大大促进了江南制茶技术的提高，也带动了全国各茶区的生产和发展。

第二节 饮茶方法的演变

我国饮茶方法先后经过烹茶、点茶、泡茶以及当代饮茶等几个阶段。每个时期的饮茶方法都有其出现的经济基础、茶业状况，以及相应的思想观念、文化背景。

一、唐代烹茶

唐代，饮茶渐渐在百姓中流传开来，尤其在中唐之后，饮茶风俗日盛，成为国饮。唐代饮茶以烹煎为主，将茶饼碾碎成末再饮。这种方式一直延续至宋代，宋人点茶技艺更加高超。元末明初，饼茶生产渐渐衰落，散茶开始被人们接受，用沸水冲泡散茶的饮茶方式走进了人们的生活。

自唐开元年间起，几乎所有人都有饮茶的习惯。专门采造宫廷用茶的贡焙也是在这一时期设立的。皇室的嗜茶让王公贵族们争相效仿。当时活跃于文坛的诗人、画家、书法家、文学家中都有嗜茶者，如白居易、颜真卿、柳宗元、刘禹锡、皮日休、陆龟蒙等人。这些文人雅士不仅品茶评水，甚至参与培植名茶，还吟茶诗、作茶画、著茶书。他们以茶会友，辟茶室，办茶宴，成为唐代茶饮的一道独特、亮丽的风景线。

唐中期饮茶风气的形成不是偶然的。唐代以前，我国已经有了广泛的饮茶习俗。六朝时，我国不但有固定的茶叶生产基地和茶叶集散地，还有范围广阔的茶叶消费区域。尽管那时茶叶生产仍以采制野生茶为主，技术比较落后，规模也不大，但在长期的生产实践中，已经积累了不少采茶、制茶的经验。更重要的是，人们在长期的饮茶过程中已经对茶叶有了一定的了解，并逐渐喜爱上这种饮料。到了唐代，随着经济的繁荣，茶的生产有了进一步的发展，种植面积扩大，品种增加，品质明显提高，所有这些，都为唐中期饮茶风气的形成奠定了坚实的基础。

茶叶是一种社会消费品，茶叶的消费状况与人们的生活水平有直接关系。而唐代国力强盛、经济富足，人们生活水平的普遍提高，为饮茶提供了物质保障。

唐代中外交往频繁，社会风气开放。这种开放的风气使唐代不仅能继承六朝文化的优良传统，而且敢于突破这些传统，同时不断采撷国内外各民族文化的精华。佛教及道教在我国的发展，正是唐代兼容并蓄各种文化的表现。佛教自天竺传来后，历经汉、魏、南北朝而流传甚广，又经隋文帝大力提倡，到唐代时发展到顶峰。僧尼在学佛时，尤其是在"坐禅"时，很少吃饭和睡眠，故常依赖茶叶。道士、女冠在修炼时，须清心寡欲、聚精会神。为了达到提神、解乏、保健的目的，常常在道观中饮茶。这也对饮茶风气产生一定影响。

除了以上原因，唐代之所以能够在全国范围内形成浓厚的饮茶风气，还与陆羽等人的大力提倡有极为密切的关系。陆羽之前，虽然饮茶已从南方传入北方，社会上饮茶的人越来越多，但是还没有一本专门介绍茶叶的书，人们对茶叶的历史和现状缺乏应有的了解，许多人不知道茶叶的性能和饮用方法，至于茶树的栽培和茶叶的制作工艺，知道的人就更少了。鉴于此，陆羽写成我国，也是世界上第一部茶书——《茶经》，第一次较全面地总结了唐代以前有关茶叶诸方面的经验，大力提倡饮茶，推动了茶叶生产和茶学的发展。

《茶经》中对种茶、采茶、茶具的选择、煮茶的火候、用水以及如何品饮都有详细的论述。唐人饮茶已开始注重品饮艺术，这与唐代之前茶主要作为药用或者是粗放型解渴的饮用形式相比，是一个质变的过程。

唐人饮茶讲究鉴茗、品水、观火、辨器。在饮茶方式上，唐代有煎茶、痷（音 ān）茶、煮茶等方式。

唐中叶盛行煎茶。陆羽在《茶经》中力倡煎饮法，对煎茶方法做了详细的叙述。唐代茶有粗茶、散茶、末茶、饼茶四种。煎茶用的茶是饼茶。饼茶须经炙、碾、罗三道工序，将饼茶加工成细末状颗粒的茶末，再进行煎茶。炙烤茶饼，再取出打碎，碾成粉末状。好的茶末像细米粒，不好的像菱角。碾成的茶末还要经过罗的细筛，罗下的茶即成待烹的茶末，存放在茶盒里备用。

烤茶的燃料用炭最好，烧水用的燃料也是如此。煎茶包括烧水与煮茶。先将水放到两侧有方形耳的大口锅中烧开。水的选择，以山水最好，其次是江河水，井水再次之。

煮茶分为三个阶段，即"三沸"。当水煮到出现鱼眼大的气泡，并微有沸声时，是第一沸，这时根据水的多少加入适量盐调味，尝尝水味，不要因为味淡而多加盐。当锅边缘有连珠般的水泡向上冒时，是第二沸。舀出一瓢开水，用竹夹在水中搅动形成水涡，使水沸度均匀，用量茶小勺量取茶末，投入水涡中心，再次搅动。过一会儿，水面波浪翻腾，溅出许多沫子时，就是第三沸了，将原先舀出的一瓢水倒回去，使开水停沸，生成茶沫。此时，要把茶沫上形似黑云母的一层水膜去掉，因为它的味道不正。"三沸"之后不宜接着煮，因为水已煮老，不能再饮用。煮茶之水不能多加，否则味道就淡了。

痷茶是将茶叶先碾碎，再煎熬，烤干，舂捣，然后放在瓶子或细口瓦器中，灌上沸水浸泡后饮用。

煮茶是唐以前就盛行的饮茶法，即把葱、姜、枣、橘皮、薄荷等物与茶放在一起充分煮沸，或者使汤更加沸腾以求汤滑，或者煮去茶沫。这种方法在唐代已经过时，陆羽认为这种方法所煮出的茶就如同应倒在沟里的废水一样不堪饮用，而世人一向的习惯就是这样的。现代民间喜爱的打油茶、擂茶等，则为原始煮茶遗风。

唐代是我国饮茶历史上的鼎盛时期。陆羽写出了《茶经》，创制了二十四器，还将饮茶分为赏茶、鉴水、列具、烹煮、品饮等若干环节，每个环节都使人在饮茶过程中置身于美的境界之中，这就把饮茶的方法程序化了，并辅以美学思想，从而形成优美的意境和韵律，将饮茶上升到艺术的高度。所以说，唐代饮茶开了品饮艺术的先河，使饮茶成为精神生活的享受。

二、宋代点茶

继唐代的辉煌之后，茶经历了五代十国的纷争割据，尽管当时政局动荡，饮茶之风却未衰反盛,依然延续下来,至宋代更为盛行。宋代制茶工艺有了新的突破,福建建安北苑出产的龙凤茶名冠天下。这种模压成龙形或凤形的专用贡茶又称龙团凤饼。宋代饮茶已在社会各个阶层中普及,饮茶的风俗也深入到民间生活的各个方面。开封、临安两都茶肆、茶坊林立,客来敬茶的礼俗也已广为流传。总之,宋代茶饮已经"飞入寻常百姓家"。

宋代饮茶方法在唐代基础上又迈进了一步,迅速发展出了点茶法。点茶法比唐代煎茶法更讲究,包括炙茶、碾茶、罗茶、候汤、熁盏、点茶在内的一套程序。

宋代点茶用饼茶。饼茶也需炙烤加工后使用。炙茶的过程与煎茶相同,也是用炭火烤干水汽,然后将茶饼碾碎成粉末,再用罗筛过,茶粉越细越好,所以要求罗十分细密。候汤则是掌握点茶用水的沸滚程度,这是点茶成败的关键。掌握水沸的程度,冲点出色、香俱佳的茶汤,只能凭点茶人个人的经验来完成。另外,唐人煎茶时所用的盂在宋人煮水时被体积较小的茶瓶代替。在点茶之前,还要用沸水冲洗杯盏,预热饮具。

点茶尤为不易。先要将适量茶粉放入茶盏点泡一些沸水,将茶粉调和成糊状,然后再添加沸水,边添边用茶筅击拂。点泡后,如果茶汤的颜色呈乳白色,茶汤表面泛起的汤花能较长时间凝住杯盏内壁不动,才算点泡出一杯好茶。点茶追求茶的真香、真味,不掺任何杂质,并且十分注重点茶过程中动作的优美协调。点茶以茶粉为原料,再用沸水点冲,所以人们饮用时要连茶粉带水一起喝下。与唐代煎茶相比,宋人更喜爱典雅精致的点茶艺术,最终发展到从城市到乡村,王公贵族、文人、僧侣、百姓无不点茶。

宋代饮茶之风炽盛,风行评比调茶技术和茶质优劣的斗茶,也称茗战。

宋代斗茶选用的茶以建茶(福建建安所产)中的白茶为最佳,一般是加工精细的饼茶。饼茶要紧密、干燥、纯净,然后经碾茶、过罗、置于盏中、加注沸水、用茶筅搅动等程序,直到茶汤表面浮起一层白色泡沫。

斗茶既为斗,就一定要决出胜负。决定胜负的因素有二:一是汤色,二是汤花。汤色是指茶汤的颜色,当时的标准是以纯白如乳为上,其他色泽则等而下之。汤花是指汤面泛起的泡沫。汤花的色泽和汤色的要求是一致的。汤花泛起后,如果茶末研碾细腻,点汤、搅动都恰到好处,汤花匀细,就可紧咬盏沿,而且久聚不散,这种效果叫作咬盏。汤花散退较快的叫云脚涣散。汤花散退后,茶盏内沿与汤相接的地方就会露出水痕,宋人称之为水脚。汤花散退较早,先出现水痕的为负。最后斗茶者还要品评茶汤,茶汤要做到味、香、色三者俱佳,才能算是最后获胜。不过,斗茶决胜负不限一次,如果共斗三次,则以两胜为最后胜利。

斗茶所用的茶盏以建安产的兔毫盏为佳。建安建窑以出产黑釉瓷闻名,黑釉瓷釉色黑如漆，莹润闪光，条纹细密如丝，因其结晶所显斑点、纹理各异，故可分兔毫釉、油滴釉、曜变釉、鹧鸪斑釉、鳝皮釉等品种。兔毫盏为其中珍品，因纹理细密，状如兔毫得名。它大口小底，形似漏斗，造型凝重，古朴厚实。因其黑，而衬出茶汤之色白，且可清楚看出咬盏及水痕的情况。因其厚实，预热之，则热难冷，易使茶香散发，所以斗茶者更青睐兔毫盏。

宋代斗茶之风普及民间，不仅帝王将相、达官显贵、骚人墨客，连市井细民也喜斗茶。

同时，宋代还流行一种泡茶游戏——分茶。分茶又称茶百戏，始于宋初。玩时将茶末放入茶盏，注入沸水，用茶筅击拂茶汤，使茶乳变成图形或字迹。茶汤在泛出汤花时，汤花转瞬间就会消失殆尽，要使汤花在这极短的时间之内显现出奇幻莫测的物象，就需要高超的技艺。还有一种分茶方法更是技高一筹。此法只需单手提壶，将沸水由上而下注入放好茶末的茶盏之中，茶面立即显现出奇丽的图形或文字。

三、元明清泡茶

明清时期，无论是茶叶的生产和消费，还是茶的品饮技术都发生了变革，达到新的高度，在中国茶饮史上留下了灿烂辉煌的一页。处于这两个高峰之间的元代，在我国茶饮史上起了承上启下的作用。

元代虽然历史较短，但在饮茶法上却进一步走向成熟，可以说这一时期是中国茶饮方式转变的一个重要阶段。元代除了继续饼茶的生产和使用外，散茶也渐渐在茶叶消费中占有了一席之地。饼茶的使用主要在宫廷贵族之中，散茶的消费则主要在民间。

明代，饮茶习惯发生了具有时代意义的变革。随着茶叶加工方法的改进，茶的品饮方式也走向简单化。宋元时期"全民皆斗"的斗茶之风已衰退，穷工极巧的饼茶被散茶所代替，盛行了几百年的唐煎宋点也变革成了用沸水冲泡的瀹饮法。明代饮茶方式发生如此巨大变革，与大环境的变化有直接关系。明太祖朱元璋下令贡茶改制就是其中之一。朱元璋此举促进了散茶生产技术的发展。从饼茶生产向散茶生产的转型是茶品生产工艺由繁到简的过程，随着这种转型而来的则是茶饮方式的简约化。

最早提倡饮茶方式从简，并且在实际操作上改革传统茶具和茶艺的是明代的宁王朱权。朱权的"崇新改易"主要体现在对点茶、煎汤的具体要求，比起宋人烦琐的程序来说，更简单，也更容易掌握。

朱权的煎汤法要求用活火来煎汤，并且须经"三沸"之后才算煎好，这些前人都已做过要求，但较之宋代的极其讲究，朱权的煎汤法更易掌握。朱权对点茶的要求与宋人要求大同小异，又不似宋人那样十分重视点茶效果。朱权使用的器具也简易了许多，保留了一些必不可少的器具，除茶炉、茶磨、茶碾、茶架、茶瓶之外，他还自创了"茶灶"，虽有所增创，比之陆羽的"二十四器"以及宋人的茶器，还是大大减少了。此外，古人对于茶具多崇尚金银制品，朱权却追求自然、简朴，偏爱石、竹、椰壳等自然之物。他对茶的要求，也以叶茶为最。

由朱权倡导的简约的饮茶风气影响后人而形成了瀹饮法。瀹饮法逐渐取代了煎点法的主导地位，成为中国人至今都在使用的饮茶方法。瀹有浸、渍的意思。瀹饮法，即以沸水直接冲泡叶茶的方法。

明代前期煎点法仍是主流，直到明代中晚期瀹饮法才成为品饮的主要方式。瀹饮已无须经过以往的炙茶、碾茶、罗茶三道工序，只要有干燥的叶茶即可。首先要用上品泉水洗涤茶具，务鲜务洁；然后以热水洗涤茶叶，水不可滚，滚则一洗无余味矣；再以竹筯夹茶于涤器中，反复涤荡，去尘土、黄叶、老梗，以手搦干置涤器内，少顷开视，色清香洌，急取沸水泼之。

茶汤应香、色、味俱全。味以甘润为上，苦涩为下。茶自有真香、真色、真味，一经点染，便失其真，如在水中加盐、茶汤中加佐料或果子之类，都会使茶汤失其真味。

随着冲泡散茶的兴起，茶具中出现了茶壶，且以窑器为上，锡次之。茶壶以小为贵。壶小则茶不涣散，味不耽搁。窑器中又以宜兴紫砂为最，古朴雅致的紫砂茶具由于瀹饮法的兴盛而发展起来。同时由于瀹饮对茶汤香、色、味的追求，刺激了白瓷以及青花瓷的发展。

瀹饮这种沸水冲泡散茶的饮用方法还促进了我国茶叶生产技术的进步，散茶的品种迅速增多，除绿茶外，红茶、青茶、花茶、黑茶等茶类也出现并发展起来。

瀹饮具体程序不像煎茶、点茶那样严格，给人留下自我发挥的空间。明清以来，这种品饮方式广泛深入到社会各个阶层，植根于广大平民百姓之中。

四、当代饮茶

随着沸水冲泡法主导地位的确立，清饮成为我国大部分人的主要饮茶方式。但调饮方式依然存在。除此之外，由于社会生活的发展以及科技的进步，再加上与世界其他国家的交流不断加深，当代的饮茶出现了一些新的内容和形式，如袋泡茶、罐装茶、冷饮等。

第三节 中国茶文化精神

一、茶文化的内涵

1. 茶文化的定义、特性与层次

（1）茶文化的定义

1）广义的茶文化。广义的茶文化是人类在社会历史发展过程中所创造的有关茶的物质财富和精神财富的总和。它包含自然科学和人文科学，具体包括茶的历史发展、茶区人文环境、茶业科技、千姿百态的茶类和茶具、饮茶习俗和茶道茶艺、茶书茶画茶诗词等文化艺术形式，以及茶道精神与茶德、茶对社会生活的影响等诸多方面。

茶文化的物质形态表现为茶的历史文物、遗迹、茶书、茶画、各种名优茶、茶馆、茶具、茶歌舞、饮茶技艺和茶艺演示等，精神形态表现为茶德、茶道精神、以茶待客、以茶养廉、以茶养性、茶禅一味等。此外，还有介于中间状态的表现形式，如茶政、茶法、礼规、习俗等属制度文化范畴的内容。

2）狭义的茶文化。狭义的茶文化着重于茶的人文科学，主要指与饮茶有关的文化现象，即精神财富部分。

（2）茶文化的特性

1）历史性。茶兴于唐而盛于宋。茶文化的形成和发展历史非常悠久。

《华阳国志·巴志》记载，周武王伐纣时期，茶叶已作为贡品。先秦《诗经》中已有茶的记载。汉代已出现茶叶贸易市场。魏晋南北朝时期，饮茶之风渐盛。唐代，茶业繁荣昌盛，出现茶馆、茶宴、茶会。宋代，流行斗茶、贡茶和赐茶。清代，曲艺进入茶馆，茶叶对外贸易发展迅速。

茶文化是伴随商品经济的出现和城市文化的形成而孕育诞生的。历史上的茶文化注重文化意识形态，以雅为主，着重于表现诗词书画、品茗歌舞。茶文化在形成和发展过程中，融入了儒家、道家和释家的思想，并演变为各民族的礼俗，成为优秀传统文化的组成部分和独具特色的一种文化模式。

2）时代性。新时期物质文明和精神文明建设的发展，给茶文化注入了新的内涵和活力。在这一时期,茶文化内涵及表现形式正在不断扩大、延伸、创新和发展。新时期茶文化融入现代科学技术、现代新闻媒体和市场经济精髓,使茶文化价值功能更加显著,对现代化社会的作用进一步增强。

茶的价值使茶文化核心的意识进一步确立。新时期茶文化传播形式呈现大型化、现代化、社会化和国际化趋势。其内涵迅速膨胀,影响扩大,为世人注目。

3)民族性。各民族酷爱饮茶,茶与民族文化生活相结合,形成各自民族特色的茶礼、茶艺和饮茶习俗,富有生活性和文化性,表现出饮茶的多样性和丰富多彩的生活情趣。例如,茶与婚姻、茶与祭祀、茶与丧葬等,充分展示了茶文化的民族性。

4)区域性。名茶、名山、名水、名人、名胜均能孕育出各具特色的地区茶文化。中国地域广阔,茶类花色繁多,饮茶习俗各异,加之各地历史、文化、生活及经济差异,形成了各具地方特色的茶文化。

5)国际性。中国传统茶文化同各国的历史、文化、经济及人文相结合,演变成英国茶文化、日本茶文化及韩国茶文化等。在英国,饮茶成为生活的一部分,是英国人表现绅士风度的一种礼仪,也是英国日常生活中必不可少的程序和重大社会活动中必需的仪式。日本茶道是受到中国茶文化的影响而演变形成的。日本茶道具有浓郁的日本民族风情,并形成了独特的茶道体系、流派和礼仪。韩国则认为茶文化是韩国民族文化的根,每年5月25日为"全国茶日"。

茶不分国界、种族和信仰,茶文化可以把全世界茶人联合起来,切磋茶艺,交流学术和洽谈经贸。2019年12月19日,第74届联合国大会通过决议,将每年5月21日定为"国际茶日"。决议确认茶叶是最重要的经济作物之一,能够对发展中国家的农村发展、减贫和粮食安全发挥重要作用。

(3)茶文化的层次

1)物态文化。物态文化是人类的物质生产活动方式和产品的总和,是可触知的具有物质实体的文化事物。人们从事茶叶生产和茶文化活动时,各种方式与物态文化属性的展现,既有关于茶叶的栽培、加工、保存、化学成分及疗效研究等,也包括品茶时所使用的茶叶、水、茶具,以及桌椅、茶室等看得见、摸得着的物品和建筑物。

2)制度文化。制度文化是人类在社会实践中组建的各种社会行为规范。茶制度文化是人们在从事茶叶生产和消费过程中所形成的社会行为规范。例如,随着茶叶生产的发展,历代统治者不断加强其管理措施,称为"茶政",包括纳贡、税收、专卖、内销、外贸等。据记载,早在周武王伐纣时,巴蜀地区的茶、蜜、灵龟等皆纳贡。至唐以后贡茶的份额越来越大,名目繁多。从唐代建中元年(780年)开始,对茶叶征收赋税。宋代蔡京立"茶引制",商人领引时税,然后才能到指定地点取茶。自宋至清,为了控制对西北少数民族的茶叶供应,设茶马司,实行茶马贸易,以达到"以茶治边"

的目的。

3）行为文化。行为文化是人际交往中约定俗成的以礼俗、民俗、风俗等形态表现出来的行为模式。茶行为文化指人们在茶叶生产和消费过程中约定俗成的行为模式，通常以茶礼、茶俗以及茶艺等形式表现出来。例如，宋代诗人杜耒"寒夜客来茶当酒"的名句，说明客来敬茶是我国的传统礼节；千里寄茶表示对亲人的怀念。民间旧时行聘以茶为礼，称茶礼，送茶礼叫下茶。还有以茶敬佛、以茶祭祀等。

4）心态文化。心态文化是人类在社会实践和意识活动中孕育出来的价值观念、审美情趣、思维方式等主观因素，相当于通常所说的精神文化、社会意识等概念，是文化的核心。茶心态文化指人们在应用茶叶的过程中所孕育出来的价值观念、审美情趣、思维方式等主观因素。例如，人们在品饮茶汤时所追求的审美情趣，在茶艺操作过程中所追求的意境和韵味，以及由此生发的丰富联想；反映茶叶生产、茶区生活、饮茶情趣的文艺作品；将饮茶与人生处世哲学相结合，上升至哲理高度，形成茶德、茶道等。这是茶文化的最高层次，也是茶文化的核心部分。

2. 茶文化的核心

（1）茶道

1）茶道的概念。茶道最早起源于中国。"茶道"一词最早出现在唐代诗僧皎然的《饮茶歌诮崔石使君》诗中，"孰知茶道全尔真，惟有丹丘得如此"。唐代封演所著《封氏闻见记》中提到："有常伯熊者，又因鸿渐之论广润色之，于是茶道大行，王公朝士无不饮者。"唐代刘贞亮《茶十德》中提到："以茶可雅志，以茶可行道。"由此可见，茶道始于唐代。

茶道是茶文化的核心，茶道精神是茶文化的灵魂，是指导茶文化活动的最高原则。中国茶道精神，是和中国的民族精神、民族性格的养成、民族的文化特征相一致的。中国茶道精神是中国民族精神、中国文化精神的组成部分之一，同时也是这一大背景下的一个分支。

2）茶道的产生。作为以饮茶为契机的综合文化体系，茶道以一定的环境氛围为基础，以品茶、置茶、烹茶、点茶为核心，以语言、动作、器具、装饰为体现，以饮茶过程中的思想和精神追求为内涵，是品茶过程中的整套礼仪和个人修养的全面体现，是修身养性、展现礼仪和进行交际的综合文化活动与特有风俗。

茶道具有一定的时代性和民族性，涉及艺术、道德、哲学、宗教以及文化的各个方面。唐代陆羽强调"精行俭德"的人文精神，注重烹瀹条件和方法，追求恬静舒适的雅趣。佛教茶礼讲求安寂，幽静是品茶、修禅的共同文化情韵；宫廷茶道发展到一个富丽多彩的阶段，政治特性更加鲜明；民间茶事由南到北地普及与兴盛，使茶道呈现出多样化走向，具备深刻的内涵。

茶道是产生于特定时代的综合性文化，带有东方农业民族的生活气息和艺术情调，追求清雅，向往和谐。

（2）茶艺

1）茶艺的概念。"茶艺"一词早在20世纪40年代就已经在我国出现。1940年，胡浩川先生在为傅宏镇辑纂的《中外茶业艺文志》的序里就使用了"茶艺"一词，指包括茶树种植、茶叶加工、茶叶品评在内的各种茶之艺。胡浩川先生在序中提到"津梁茶艺，其大神助乎吾人者""今之有志茶艺者，每苦阅读凭藉之太少"，但与现在的茶艺含义有所区别。自20世纪70年代以来，"茶艺"一词被广泛使用，并被赋予了新的内涵。

简单通俗地说，茶艺是指如何泡好一杯茶的技艺和如何享受一杯茶的艺术。

中国茶艺主要表现为三种形态。一是潇洒自如的品茗。以喝一杯好茶为依归，追求精神的愉悦。二是营业性的茶艺，如茶馆、茶楼、茶坊、茶店的技艺。四川茶馆中的盖碗茶，用长嘴铜壶冲泡，可为其代表之一。三是演示性茶艺。唐代陆羽、常伯熊等人可以说是演示性茶艺的先驱者。

2）茶艺的类型。根据不同的划分原则和标准，茶艺可以具体分为以下类型。

①以茶事功能来分。一般可分为生活型茶艺、经营型茶艺和演示型茶艺。生活型茶艺主要包括个人品茗和奉茶待客两方面。经营型茶艺主要指在茶馆、茶艺馆、茶叶店、餐饮店、宾馆以及其他经营场所为消费者服务的茶艺。演示型茶艺又可以分为技艺型茶艺演示和艺术型茶艺演示（如现在普遍演示的经过艺术加工的各种类型茶艺）。

②以茶叶种类来分。一般可分为红茶茶艺、绿茶茶艺、乌龙茶茶艺、黑茶茶艺、花茶茶艺。

③以饮茶器具来分。主要有壶泡法（包括紫砂壶冲泡、瓷壶冲泡、玻璃壶冲泡等）、盖碗泡法和玻璃杯泡法。

④以冲泡方式来分。一般可分为烹茶法、点茶法、泡茶法等。

⑤以民族来分。一般可分为汉族茶艺与少数民族茶艺。少数民族茶艺当中常见的包括蒙古族茶艺、藏族茶艺、维吾尔族茶艺、回族茶艺、白族茶艺、苗族茶艺、侗族茶艺、土家族茶艺、傣族茶艺、纳西族茶艺、基诺族茶艺、布朗族茶艺、景颇族茶艺、彝族茶艺、佤族茶艺等。例如，大家所熟知的蒙古族咸奶茶、藏族酥油茶、白族三道茶、纳西族龙虎斗、基诺族凉拌茶，都曾有茶艺演示。

⑥以地域来分。主要有北京盖碗茶、西湖龙井茶艺、婺源文士茶、修水礼宾茶、潮汕工夫茶等。

⑦以时期来分。一般可分为古代茶艺和当代茶艺。古代茶艺又根据历史时期分为唐代茶艺、宋代茶艺、明代茶艺、清代茶艺等。

3）茶艺的特点

①哲理为先。中国茶艺最重要的是道法自然，崇尚简净。道法自然，就是与自然相一致、相契合，物我两忘，发自心性。崇尚简净是以简为德，心静如水，怡然自得，返璞归真。

②审美为重。中国茶艺之美表现为自由旷达、毫不造作，注重内省，不拘一格。所以，中国茶艺虽然有规范要求，但不僵化、不凝滞，而是充满着生活的气息、生命的活力。

③个性为要。中国茶艺注重意境，各类茶艺百花齐放、多姿多彩，儒雅含蓄与热情奔放，缤纷多彩与清丽脱俗，各种风格都能——展现。

④实用为佳。茶是用来喝的，是和老百姓的生活息息相关的。因此，中国茶艺不仅关注冲泡过程，同时把茶的滋味感觉、心理感受很好地融为一体，是一种极好的享受生活的方式。

（3）茶俗

1）茶俗的概念。茶俗是在长期社会生活中，逐渐形成的以茶为主题或以茶为媒介的风俗、习惯和礼仪，是一定社会政治、经济、文化下的产物，随着社会形态的演变而变化。

2）茶俗的类型。以茶俗内容划分，有茶叶生产习俗、茶叶经营习俗、茶叶品饮习俗等；以时期划分，有古代茶俗、现代茶俗、当代茶俗等；以享用茶俗的阶层划分，有宫廷茶俗、文士茶俗、僧道茶俗、世俗茶俗等；以茶俗文化划分，有日常饮茶、客来敬茶、岁时饮茶、婚恋用茶、祭祀供茶、茶馆文化、其他茶规等；以民族划分，许多民族都有具有民族特色的茶俗，对茶的观念、茶叶制作方法、茶具使用方法、茶饮品味等均不相同；以地域划分，可以分为东南、西南、东北、西北和中原五大板块，每一板块又可分为若干茶俗区。

3）茶俗的特点。茶俗涉及政治、经济、信仰、游艺等各个层面，具有地域性、社会性、继承性、播布性和自发性的特点。

①地域性。地域性是指茶俗产生和存在于特定的区域和环境。俗话说，"十里不同风，百里不同俗"，又有"一方水土养一方人"。除了地理位置、温度气候、物产特点、生活习惯等影响，社会环境、文化氛围等也会使各地茶俗呈现出不同的形态和特征。茶俗表现出来的南北差异、城乡差别，正是其地域性的体现。

②社会性。社会性是指茶俗在一定社会时期内产生和发展，从而带有深深的社会烙印。据唐代杨华《膳夫经手录》记载：在开元、天宝年间，饮茶之风稍有滋蔓；到广德、大历年间，则"遂多"；而至建中之际"盛矣"。封演的《封氏闻见记》也提到："古人亦饮茶耳，但不如今人溺之甚；穷日尽夜，殆成风俗。"唐人的两则记录，正好

说明了茶俗的这种社会性。

③继承性。继承性是指茶俗在历史发展过程中世代承袭的特点和方式。这种"世代承袭",并非父传子、子传孙式的家族传承,而是从整个历史时代、整个社会群体角度的客观观察,是一种历时性的考察。例如,"时新献人"的赠茶习俗,也就是新茶初制时以茶为礼,馈赠亲友。这种赠茶风俗从唐代兴起后一直延续到当代。

④播布性。播布性是指茶俗具有传播和散布的自由属性。这是与"继承性"相区别的。茶俗的播布性存在三个层面:一是带有本土特征的区域内传播和散布;二是跨越地域的传播和散布;三是超越不同阶层的传播和散布。播布的方式,大多是口耳相传,或以书面形式或其他媒介为载体,加速和扩大茶俗的影响力。当然,播布还与接受与否有关,只有接受才会产生实效性。

⑤自发性。自发性是指茶俗的发生和发展具有自然状态的、自发自为的属性。茶俗的出现,除了极个别事项外,大多是在不经意间产生的,并非由于政府或其他强力的介入。这种自发性的存在,使茶俗具体产生的时间很难界定;同时,自发性也导致了首创人员的模糊性,很难说茶俗是某人的创造、创意或创新,只能说是一定区域的群体意识和行为。

(4) 茶艺、茶道、茶俗的关系。茶艺是茶道的基础,是茶道的必要条件,茶艺可以独立于茶道而存在。茶道是以修行得道为宗旨的饮茶艺术,包含茶艺、礼法、环境、修行四大要素。茶俗是茶在风俗习惯中的展现,是社会化、大众化、民族化的产物。茶俗是茶艺生长的土壤,是茶道的社会载体。茶道以茶俗为基础,获取营养;以茶艺为表现,依存于茶艺。

茶艺的重点在"艺",重在习茶艺术,以获得审美享受。茶道的重点在"道",旨在通过茶艺修身养性、参悟大道。茶俗的重点在"俗",重在大众的、通行的,长期形成的风尚、礼节、习惯。茶俗是茶艺、茶道的基石,并且渗透到两者内在。茶艺的内涵小于茶道,茶道的内涵包容茶艺。但茶艺的外延大于茶道,其外延介于茶道与茶文化之间。茶艺与茶道结合,艺中有道,道中有艺,是物质与精神高度统一的结果。但茶艺与茶道的内涵、外延均不相同,应严格区别两者,不要使之混同。

二、茶文化基本精神

1. 中和之道

"中和"为中庸之道的主要内涵。人们常常把这种相对的和谐作为一种理想的境界。"文质彬彬,然后君子",人的生理与心理、心理与伦理、内在与外在、个体与群体都达到高度和谐统一,是古人追求的理想境界。而个体与社会以及社会中各种关系均衡、和谐、有序、稳定地发展，则是人们心目中理想的太平盛世。

2. 自然之性

"自然"一词最早见于《道德经》："人法地，地法天，天法道，道法自然。"这里的"自然"具有两方面的意义：一是天地万物；二是自然而然的人性。就第一个意义来说，自然是人类生存的整个宇宙空间，是天地日月、风雨雷电、春夏秋冬、花鸟虫鱼等诸种现象。就第二个意义来说，自然又是人们在大自然中获得的思想和艺术启示，是人在自然境界里的升华。

自然是生命的体现，尊重自然就是尊重生命。在中国传统文化中，生是自然的最高品格——"天地之大德曰生"。中国传统文化的自然精神主要体现为"万物含生"的生命精神。在思想主张上，中国的儒、释、道旨趣相异，但其基本倾向是肯定自然，肯定生生不息的生命流动。

3. 清雅之美

此处不用"静"，因为"清"本身是和"静"有联系的，而且"清"可指物质的环境，也可指人格的清高。清高之人于清净之境品饮清澈茶汤，茶道之意即为此。"雅"有"高雅""文雅"等多种意义，也可以雅俗并称、雅俗共赏。环境要雅，茶具要雅，茶客要雅，饮茶方式要雅，无雅则无茶艺，无茶文化，自然也就达不到茶道的境界。

4. 明伦之礼

礼仪作为一种人类形式化了的行为体系，可追溯到原始社会。当原始人的生存尚处于各种压力之下时，他们把万事万物的存在归之于超自然存在。中国数千年的社会发展史，可以说就是一个礼制发展的历史。礼制的产生与中华文明、国家的形成有着直接的内在联系。历代封建统治者"礼义以为纪"，"礼"是用以维系社会专制秩序的基本制度和规则，而"非礼勿视，非礼勿听，非礼勿言，非礼勿动"则是社会成员之间的交往规则。

三、中国茶道与儒释道的渊源

中国茶道是东方文化的瑰宝，在自然、社会、文化、哲学等方面彰显和谐之美，是以饮茶为契机的综合文化体系，融合了儒、释、道三家的思想精华。中国的儒、释、道都有各自的茶道流派。儒家以茶励志，沟通人际关系；佛教以茶参禅，意在明心见性；道家茗饮追求空灵虚静，避世超尘。

1. 茶道与儒家

中国茶道思想的主体就是儒家思想，中国茶道体现了儒家的中庸思想精神，并寓修身、齐家、治国、平天下的伟大哲理于品茗活动中。

唐代刘贞亮《茶十德》的内涵就体现了儒家中庸思想观念，旨在通过饮茶来修身养性、陶冶情操、协调人际关系。

儒家"中庸之道"注重和谐，万事万物和谐统一，方可国泰民安。儒家认为：要达到中庸、和谐，礼的作用不可忽视。孔子曾说"礼之用，和为贵"。礼是古代调整人际关系的根本和行为规范，是一种理想的人生状态，以礼自律、以礼待人，社会才会处于和谐融洽的状态。

由于儒家的倡导和重视，中国人特别看重礼，言行举止都力图讲礼、合礼。礼所追求的是和谐，而茶的属性所能产生的效果就是和谐，因而讲究茶礼便成了中国茶道的重要内容。

2. 茶道与佛教

佛教正式传入中国，始于东汉明帝永平十年（67年）。佛教坐禅饮茶是僧侣与茶结缘的开始。据《晋书·艺术传》记载，东晋（317—420年）僧人单道开（今甘肃敦煌人），在后赵都城邺城（今河北临漳）昭德寺修行时，坐禅十分刻苦，不畏寒暑，经常昼夜不眠诵经四十余万言，以"饮茶苏"解困，防止睡眠，表明佛教僧侣饮茶的最初目的，就是为了坐禅修行。

在佛教寺院中，设有专职的茶僧，建有专门的茶堂，设有专门的茶鼓，用来供僧侣饮茶和对香客施茶。

佛教认为茶是修身养性之物，僧侣们把佛教清规、饮茶论经、佛教哲学、人生观念融为一体，从而产生了"禅茶一味"的佛家茶理。在历史上，佛教对茶道和茶文化的发展做出了重要的贡献。佛教认为茶德精神是与禅学相通相融的，僧侣们大力提倡和传播饮茶文化，推动了禅宗饮茶之风，营造了饮茶意境。另外，佛教对茶的传播至关重要，可谓功不可没。

3. 茶道与道教

道教的创始人老子是我国古代伟大哲学家、思想家。老子《道德经》指出："道生一，一生二，二生三，三生万物。"古人认为"道"出于自然，即"道法自然"，强调人与自然的和谐统一。茶生于天地之间，采天地之灵气，吸日月之精华，加之泡茶用水也来自自然，茶道正是与自然相融合。

道教在思想上追求精行俭德、淡泊自守、天人合一，以达到清静之境。"静"是道教的特征，认为静能生慧。道教与茶道正是在"静"这个契合点上高度一致的，茶清静淡泊、朴素天然；茶耐湿、蒙雾气、自守无欲，与清静相依；茶须静品，只有在宁静的环境中才能品出茶的真味，感悟茶的境界，才能获得品饮的愉悦。静品茶才能使人安详平和，才能实现人与自然的完美结合，才能让人进入超凡忘我的境界。

道教羽化成仙、长生不老的观念对茶道的发展有着直接影响。唐代卢仝《走笔谢孟谏议寄新茶》中写到:"七碗吃不得也,唯觉两腋习习清风生。"壶居士在《食忌》中说:"苦茶,久食羽化。"可见,当时人们已将饮茶与道教的得道成仙、羽化成仙的观念联系在一起。

中国茶道吸收了道教思想,把自然界中的万物看成具有人的品格和情感,能与人进行精神交流的生命体。茶道即是人道,茶品即为人品。

"无茶不成俗,无茶不为敬",说的正是茶在民间民俗中的密切关系。自古以来,在我国许多地方,饮茶、敬茶、祭茶、供茶等习俗融入人们的日常生活中。人们常说开门七件事中就有茶。另外,民间习俗中的嫁娶习俗,茶被作为吉祥物;祭祀习俗,茶被作为圣洁之物;待客习俗,茶被作为清雅之物。

第四节 中国饮茶风俗

一、不同历史时期的茶俗

1. 唐代的茶俗

在唐代以前,文献中就有关于茶饮的相关风俗,如汉代开始有饮茶的记载,汉代的南方,尤其在西南地区,饮茶已成为风尚。魏晋南北朝时期关于饮茶风俗的记载逐渐增多,茶饮比较简单和粗糙,茶俗文化处于初级阶段。隋代一全国后,南北经济文化交流更加便利,饮茶风尚在北方进一步传播,为唐代饮茶风气的广泛普及打下了基础。

唐代饮茶风气的兴盛是中国茶叶生产和品饮发展的必然。唐代曾缔造中国历史上的鼎盛时期,物质文明和精神文明都达到了一个新的高峰。经济的发展、消费的普及促进了茶业的兴旺,同时也促进了饮茶风尚的流行。

晚唐诗人皮日休在《茶中杂咏》序中提到,在陆羽之前,人们对茶文化的源流、制作方法、茶具设置、烹饮艺术都不够重视,饮茶就像是煮菜喝汤一样。《茶经》问世以后,这些方面才得到重视,并日益讲究起来。陆羽在《茶经》中就理论和方法加以深化提高,使饮茶者通过品饮达到淡泊、宁静、超脱和心灵上的愉悦,进入一种更高的精神境界;使本来只是日常生活中的普通饮茶,提升为一种充满情趣、充满诗意的文化现象；使茶道达到澄心静虑、畅心怡神的深层美学和文化层次，使饮茶这一活动具有丰盈的美学趣味和深厚的文化内涵。

唐代饮茶主要采用烹煮法，重在品其味。由于陆羽的倡导，社会各阶层对茶有了进一步的认识，喜欢饮茶的人就越来越多。

2. 宋辽金元时期的茶俗

宋代是一个饮茶习俗盛行的王朝，饮茶成为人们日常生活中不可缺少的一部分。宋代饮茶，一方面是市井日常饮茶的世俗情趣，另一方面是文士追求的精致雅趣。宋人创新了一些新的饮茶方式，如斗茶、分茶，重在玩其味，是带有趣味性的饮茶。

辽代与五代同始，与北宋同终。辽代是契丹人建立的国家，契丹人长期保持着游牧民族的风气，多食乳肉，而乏菜蔬，饮茶可以帮助消化，又可清热解毒，于是他们渐渐有了饮茶习俗，到后来发展成"一日不可无茶"的地步。辽人待客，是"先汤后茶"，汤用中药甘草煎制，团茶则用锯锯碎，用银、铜执壶直接煨于炉口之上煮饮。由于辽地处北方，以牛羊肉食为主，故爱好紧压茶，便于长途运输和储存，制茶时先将茶叶敲碎，再放入锅内煮饮，有的还加入牛奶、羊奶，制成香浓的奶茶。

饮茶也是金代各族人民的习俗。饮茶之风在各阶层都很盛行，有些文人以茶代酒，品茶成癖。茶的地位可与酒并驾齐驱，甚至高于酒。女真族的饮茶方式与契丹人相似，也是"先汤后茶"，在饮茶时还配以茶食。茶食很有民族特色，如蜜糕，做得非常精致，"以松实、胡桃肉渍蜜，和糯粉为之，形或方或圆"。

元代茶文化的发展起到承上启下的作用，饮茶习俗得以创新与发展，为明清饮茶习俗开辟了新途径。蒙古人最初的饮料为马奶酒，入主中原后，受各方面的影响，茶成了蒙古人止渴、消食的饮料，并形成具有蒙古特色的饮茶方式。例如，加入酥油并配加特殊作料的茶，如炒茶、兰膏茶和酥签茶。

3. 明清时期的茶俗

明清时期是我国茶俗发展的重要时期，茶逐渐走进了千家万户。明代倡导以散茶代替穷极工巧的饼（团）茶，以沸水冲泡的瀹饮法代替传统的研末而饮的煎饮法，是具有划时代意义的变革。在清代，原有的各具地方特色茶俗继续流传，新兴的地方茶俗也日益丰富并沿袭至今，如广州的吃早茶、潮汕和闽南地区的工夫茶等。

4. 现当代茶俗

新时期以来，当代茶业领域迅速拓展，茶文化呈现出前所未有的锐气和活力。茶文化旅游兴起，人们走入茶园，体验采茶乐趣，参与手工炒茶，参观茶馆，了解茶文化历史，观看茶艺演示，品尝各地名茶等。

二、不同阶层的茶俗

1. 宫廷茶俗

宫廷茶俗指的是王公贵族阶层所享有的茶事活动与茶饮习俗，不仅涉及皇家的修身养性，还赋予了安邦治国、君臣教化之道，带有鲜明的阶级特点。饮茶成为宫廷日常生活的一部分，还成为宫廷政治生活的组成部分，在皇家内廷各种场合中占有重要地位。

中国历代帝王大多好茶，历朝历代都建有专属茶院，设有专门茶房，皇宫内会举办隆重的茶宴，还形成了赐茶、赠茶的文化。

2. 文士茶俗

中国古代的文人雅士和茶有着不解之缘。文士们提高了饮茶的地位，形成了以"品"为主的饮茶艺术，将这源于民间的饮料提升为至清至雅之物。文士们对饮茶颇有讲究，精益求精，为品茗技艺的发展做出了贡献。文士们饮茶，品的不仅是茶，更是茶蕴含着的哲理诗意。文士们离不开茶，饮茶可激发灵感，促深思，助诗兴。文士们爱茶，在文学作品和绘画中多有表现饮茶的内容。

3. 僧道茶俗

茶与佛教关系极为密切，很早就结下因缘，在寺院文化中占有突出的地位。寺院内常开辟茶园，研制名茶，举办茶宴，传播茶文化。茶对禅宗而言，既是养生之物，又是得悟途径，更是修行法门。饮茶成了重要的辅助手段，能延年益寿、祛病除疾。

道教很早就对茶的养生保健功效有了认识，他们将茶当成长生不老的仙丹妙药。茶是道士修炼时的重要辅助手段，饮茶有助于习道之人达到虚静玄远的境界。

4. 世俗茶俗

世俗茶俗，即民间茶俗，是指源于民间、根植于民间，与老百姓日常生活息息相关的传承性的茶饮习俗。世俗茶俗是平民化的、大众化的饮茶习俗，包括日常家居饮茶、民间迎客茶、民间"吃茶"习俗、民间岁时茶俗等。日常家居饮茶讲究平淡、淳朴、随意、舒心，给人一种冷静、放松、透明、自省的享受。民间迎客茶体现了中华民族"热情好客，客来敬茶"的传统美德，三五茶友，品茶叙旧，美哉乐哉。民间"吃茶"习俗一方面指饮用茶汤后将茶叶渣一并吃下，另一方面指茶中配以佐料的茶饮需连同茶叶、佐料一起吃下，味道醇香爽口，如擂茶、姜盐豆子茶等。我国地域辽阔，气候相差悬殊，一年四季有着不同的茶俗，随着季节的变化，各地茶俗也会发生变化，如擂茶，在不同的地域环境、不同的气候，加入茶饮中的佐料也将不同。

5. 草莽茶俗

在民间，还存在各种奇特的茶俗，有些是为了调解纠纷，以茶壶、茶碗大摆茶阵，如民间帮会"茶碗阵"、调解纠纷的"吃讲茶"等；有些是以某个团体活动为由，以茶为名举办各类活动。

三、不同文化背景下的茶俗

1. 日常生活茶俗

日常生活中处处离不开茶，人们以茶庆祝喜庆年节，以茶祈求平安。茶是洁净的象征，家中有喜事时，人们往往相聚在一起饮茶庆祝；遭遇不幸时，人们也往往以茶祛秽气、祈平安。例如，"寿礼茶""满月茶""上梁茶""新居茶""亲家茶""元宝茶""送茶料""启蒙茶""元宵茶""七夕茶"，还有"避邪茶""七宝瓮"等。

2. 人生礼仪茶俗

唐代兴起的"茶礼"历经宋元明清直到当代，从萌芽、演变到发展，几乎成为婚俗的代名词。千百年来，我国人民在恋爱、定亲、嫁娶等方面，始终把茶叶当作媒介和吉祥美满的灵物。例如，以前从定亲到完婚的各个阶段皆以茶命名。女方接受男方聘礼，叫"下茶"或"定茶"，有的叫"受茶"或"吃茶"。江浙一带，把整个婚姻的礼仪统称为"三茶六礼"。"三茶"指的是定亲时的"下茶"，结婚时的"定茶"，同房时的"合茶"。

3. 祭丧茶俗

"以茶为祭"是我国民俗文化的重要组成部分。在我国民间习俗中，茶与祭丧的关系十分密切。在人们的心目中，茶叶是圣洁之物，膜拜神祇、供奉佛祖、追思先人之时，献上一杯清茶以表达无限敬意。例如，以茶祭神灵、以茶祭祖、以茶祭丧及祭拜茶神等。

4. 古代茶馆茶俗

茶馆之风，历经千年而不衰。唐代最早出现"茗铺"，主要供行人与过往商贾歇脚解渴。到宋代，茶馆逐渐兴盛，已具备多种功能，如休闲娱乐、商务交易、会友、信息传播等。明清市井文化的发展，使茶馆文化更加大众化。近代茶馆的发展则颇为坎坷，由于社会动荡，原本清静的茶馆也变得复杂喧嚣起来。新时期以来，各地茶馆、茶楼又如雨后春笋般兴起，茶客日益增多。人们闲暇日总爱到茶馆泡上一杯茶，细品慢饮，既提神醒脑又悠闲自得。

四、不同民族的茶俗

1. 西南少数民族茶俗

西南地区是我国少数民族最为集中的地区。少数民族同胞大部分居住在山区，交通不便，与外界的交流较少，还保留着古老的生活和生产方式，同时也保留了非常古老的茶餐饮文化习俗。例如，白族的三道茶、纳西族的"龙虎斗"、拉祜族的"烤茶"、侗族和苗族的打油茶、傈僳族的油盐茶等。

2. 西北少数民族茶俗

西北少数民族饮茶重在粗犷豪迈、酣畅淋漓，喝茶要喝饱喝透。饮茶是西北少数民族必不可少的事情，一日不饮茶，便会觉得心神不宁。藏族就有"一日无茶则滞，三日无茶则病"的谚语。例如，藏族聚居区的酥油茶、北疆的奶茶和南疆的清茶、回族的盖碗茶及甘陕的罐罐茶等。

3. 其他民族茶俗

其他民族茶俗主要指西南、西北地区以外的饮茶风俗。例如，内蒙古地区以奶茶代饭、云南福建以竹制茶、东北地区多饮茶外茶、游牧民族喜饮调饮茶等。

五、不同地区的茶俗

1. 南北茶俗

我国南北地区饮茶习俗有很大差异。例如，山西酽茶投茶量大、浓度高、味极苦；山东人喜欢大碗喝外形粗犷、味道醇酽的黄大茶；江南人喝茶较文雅，喜欢细啜慢饮，注重茶叶品质。

2. 城乡茶俗

城市中，饮茶讲究闲情雅致，器具选择上注重精致美观；乡村饮茶注重淳朴厚实，喝茶不求名贵，以止渴为主。乡村饮茶的茶具更趋于实用性，崇尚本色，大多就地取材，自行制作，具有浓郁的地方特色。

3. 都市茶俗

都市饮茶推动着茶馆文化的有序发展，各地都市的茶馆、茶楼、茶坊遍布林立，成了洽谈生意、亲友相聚的好去处。例如，北京老舍茶馆、雅俗并存的南京茶馆、休闲娱乐的成都茶馆、广州的茶楼等。

4. 闽台茶俗

闽台地区的茶俗具有浓厚的民族色彩和鲜明的地方风格。福建盛产茶叶，有着源远流长的饮茶历史。早在宋代，建州北苑建立御茶园，其茶被列为贡品。福建人十分嗜茶，饮茶之俗也多姿多彩，闽南盛行工夫茶，闽北爱喝擂茶。台湾地区的茶俗多受福建人影响，也逐渐形成了自己的茶文化。他们也喜好工夫茶，在接待宾客时总会泡上一壶浓浓的工夫茶。台湾地区的茶俗更趋于广泛和深入，茶艺已走入寻常百姓家。

5. 粤港澳茶俗

广东人嗜茶极重，人均消费茶叶量居全国前列。广东潮汕地区的人喜饮工夫茶，嗜茶之风盛行。潮汕人十分讲究茶道，基本上家家户户都有工夫茶茶具。

广州人十分注重美食，广州茶楼有着精致美味的糕点。"一盅二件，人生一乐"，这是广东人对早茶的描述。所谓"一盅二件"，是指早茶常以一盅茶配两道点心。粤港两地的风俗相近，同根同源，饮茶习俗也颇为相似。澳门是我国茶叶重要的中转口岸，当地人也有到茶楼吃早茶的习惯。

第五节　茶的外传及影响

一、茶的对外传播

中国茶叶的对外传播，主要有两条路线，即海路传播路线和陆路传播路线。

1. 海路传播

中国茶叶最早传播到的国家是朝鲜和日本。4世纪末5世纪初，饮茶之风开始进入朝鲜半岛。不过，高句丽种茶，却始于我国唐代。据《东国通鉴》记载：公元828年，"新罗兴德王之时，遣唐大使金氏（即金大廉），蒙唐文宗赐予茶籽，始种于金罗道之智异山"。12世纪，高丽的松应寺、宝林寺等著名禅寺积极提倡饮茶，使饮茶之风很快普及到民间。自此，朝鲜不但饮茶，而且种茶。由于环境、气候等原因，朝鲜的茶叶种植量小，主要依靠进口。

据传，汉代时，茶叶已通过海路传播到日本。但有确切史料记载的传入时间是唐代。唐顺宗永贞元年（805年），日本高僧最澄和弟子义真来我国天台山学佛，回国时带回茶籽，种于日本近江（今滋贺县境内），后成为日本最古老的茶园，即日吉茶园。次年，日本高僧空海又来华学佛，回国时也带回茶籽，种于日本京都高山寺等地。此后，日本嵯峨天皇于弘仁六年（815年）四月巡幸近江，经过梵释寺时，该寺大僧都永忠亲手煮茶进献。天皇巡幸后，下令畿内、近江、丹波、播磨等地种茶，每年采茶进献。自此，日本的茶叶生产才开始发展，其制茶法和饮茶方式均效仿唐代。我国饮茶之风和茶道传入日本后衍化为日本茶道，过程中的关键人物是日本临济宗的创始人荣西禅师。他留学中国时系统地学习了种茶、制茶和饮茶知识，撰写了茶学专著《吃茶养生记》，促进了日本种茶和饮茶的发展，为日本茶道的兴起开了先河。

茶叶还通过印度洋、波斯湾、地中海运往欧洲各国。宋元时期，中国陶瓷和茶叶就运往亚欧各国。1517年，葡萄牙海员从中国买回茶叶。1560年，葡萄牙传教士克罗兹神父将中国茶叶的品类及饮茶方法等传入欧洲。明神宗万历三十五年（1607年），荷兰人开始经海路来中国澳门贩运茶叶到印度尼西亚。1610年，荷兰直接从中国运茶回国，并在欧洲销售。1637年，英国船长威忒专程率船东行，首次从中国直接运走茶叶。之后，英国商人从厦门、广州等地购买大量的茶叶，除供本国消费外还转运到美洲殖民地。1644年，英国在厦门设立了专门贩茶的商务机构。1650年，荷兰人贩运中国茶叶到达北美。1715年，东印度公司在广州设立商馆，中国茶叶向英国出口量逐年增大。后来，瑞典、丹麦、法国、德国等国的商船，每年都会从中国运走大批的茶叶。

到了19世纪，中国茶叶的对外传播几乎遍及全球。

2. 陆路传播

中国茶叶的陆路传播是从与中国接壤的邻国开始的。中国茶叶从陆路传播到阿拉伯国家。当时许多阿拉伯商人，在中国购买丝绸、瓷器的同时，也常常带回茶叶。后来，阿拉伯人又把中国的饮茶之风向中亚和西亚一带传播开来。

中国茶叶除经海路传到西欧外，还有一条陆路传播的通道。随着古丝绸之路的逐渐衰落，兴起了另一条陆上国际商路。此路以山西、河北为枢纽，经长城，过蒙古，穿越俄罗斯西伯利亚地区，直达欧洲腹地。蒙古由于是这条国际商路的出口，所以较早兴起饮茶之风。

据《宋史·张永德传》记载："永德在太原，尝令亲吏贩茶规利，阑出徼外市羊。"可见，宋时中国已与蒙古用茶换羊，说明当时蒙古已开始饮茶了。

据史料记载，明代仍有与塞外的"茶马互市"，用茶易马进行贸易往来。明万历四十六年（1618年），中国公使携茶赴俄国，向俄国朝廷馈赠茶叶。由于当时俄国从未有人饮茶，因此并未引起重视。1638年，斯特可夫（Starkoff）又从蒙古将中国茶叶带去俄国。至18世纪初，中国茶叶始经蒙古从陆路销往俄国。18世纪50年代开始，俄国饮茶逐渐形成风尚，对茶叶的需求量与日俱增。从1833年开始，俄国从中国湖北羊楼洞引进茶籽、茶苗，试种于现今格鲁吉亚一带，但都未获得成功。1889年，俄国以吉霍米罗夫为首的考察团到中国研究茶叶的产制，回国后开辟茶园，后建了小型茶厂一座。1893年，茶园聘请刘峻周等10位茶工去格鲁吉亚进行种茶技术指导，终于获得成功。从此，俄国才有了茶业。

位于南亚的印度，1780年开始种茶，一直未获成功。为此，印度于1834年成立植茶问题委员会，并派遣委员会秘书哥登（G.J.Gordon）到中国购买茶种，种于印度的大吉岭，并请雅州（今四川雅安）茶业技工传授种茶和制茶技术。经过百余年的努力，直到19世纪后期，终使茶叶在喜马拉雅山南麓的大吉岭一带发展起来。

南亚的孟加拉国是在印度之后开始种茶的。巴基斯坦是在1983年中国派专家指导下试种，成功后开始建立茶园。

与中国相邻的缅甸、柬埔寨、越南等国也有种茶，且种茶的历史比较早。

二、茶的对外影响

1. 文化的影响

中国茶文化博大精深，世界各国的茶及茶文化都源自中国。据统计，目前世界上有60多个国家种茶，160多个国家和地区30多亿人喜欢饮茶，人均年饮茶约0.6千克，茶已成为受全世界人们普遍欢迎的一种天然、营养、保健饮料。

受中国茶文化的影响，在国外，还出现不少中国式的茶馆，成立了茶文化团体，还经常组织茶文化相关交流活动。茶文化已不仅仅是东方文化，正走向全世界。

2. 饮茶方式的影响

饮茶源于中国，中国的饮茶方式影响着世界各国。中国的饮茶习俗传到国外以后，受各国民族、地理、气候、文化、风俗的影响，使饮茶方式变得更加多姿多彩。

饮茶可分为清饮法和调饮法。清饮法就是直接用沸水冲泡茶叶，追求茶的真香实味。清饮法一般出现在东方的国家和地区，如中国普遍推崇清饮，日本推崇清饮"三绿"的蒸青绿茶，韩国以及东南亚一些国家也推崇清饮。调饮法是在沏泡的过程中添加一些既可调味又有营养的食品，如调味的有食盐、薄荷、柠檬等，以营养为主的有牛奶、蜂蜜、白糖等。

第六节 外国饮茶风俗

一、亚洲部分国家饮茶风俗

亚洲作为七大洲中面积最大、人口最多的一个洲，可分为东亚、东南亚、南亚、西亚、中亚、北亚等区域。由于地域广阔，文化和民俗差异大，茶俗也极不相同。

1. 日本饮茶风俗

日本的茶俗集中体现为茶道。正式开创日本茶道的是15世纪奈良称名寺的和尚村田珠光，后有千利休（1522—1592年）集前人大成，使中世纪茶道真正提高了艺术水平。千利休把深奥的禅宗思想渗入茶道之中，提倡朴素廉洁、奢侈有害、恪守清寂的原则，把茶道作为陶冶性情的修身方法。为了贯穿这一思想，他对茶道进行了一系列改革：改茶室北向为南向，滑门为雪白纸糊，室为小间，平面布局紧凑，分床前、客座、点前、地炉、踏达等五个专门地方，同时分蹦口、茶道口、贵人口、给仕口等出入口；窗孔小而多，不对称，有连子窗、下地窗、突上窗、色纸窗等；造材天然，具有茅舍风格、农家风范；通道狭小，安有石灯笼、篱笆、踏脚石和蹲踞；碗用乐茶碗。行茶道时定有"四规"和"七则"。

茶道由四个要素组成，即宾主、茶室、茶具和茶。参加茶道的人叫"茶人"，要有一定经验，经过一定的训练。茶室要有幽雅自然的环境，布置得简朴而优雅，往往挂着与茶事主题有关的禅语挂轴和名贵字画，室内有插花装饰，供宾客欣赏。古老茶具多为"乐烧"茶碗和茶盘、茶盖、茶勺、茶桶、斫茶锤等，另有炭火茶釜和煮茶用的小坛，以及炭斗、火箸、灰匙、风炉等。茶具要四季应时，并且多是历史珍品。茶是精致的绿茶末，用石臼研制而成，称作"抹茶"。

茶道有讲究的礼仪规范：进茶室，宾客要脱鞋躬身入内，表示谦逊。而主人则跪在门前迎接，以示尊敬。宾客就座后，宾主致辞，观赏茶具。接着，主人开始生火、加水、拂拭茶具，然后煮茶、冲茶、敬茶。水煮沸后，用轻轻的动作冲茶小半碗。主人用双手捧起，敬献给宾客。宾客品茶时也要双手捧碗，从左向右转一周，以示拜观茶碗。喝茶时一定要三口喝尽，最后一口还应发出轻轻的响声，表示对茶的赞美。茶有两种：一种是深绿色的浓茶，味道清香略苦，要轮流饮；一种是淡茶，每人一碗单饮。宾客们都饮完后，一一向主人道谢，茶道仪式即告结束。点一碗茶，若从单纯的制作角度上来讲，也许只需要两三分钟，可是，若想要通过点这碗茶的动作来表现大自然的循环运转的过程，来体现东方思想文化之深厚的内涵就不是短短几分钟所能完成的了。所以，在日本茶道里，完成一套规格高的点茶技法需要一个多小时，最简单的也得20分钟。日本茶道遵循的是"四规"和"七则"，但根据迎客、庆贺、欢聚、叙事、赏景、论学等不同内容，其仪式也略有差异。而且，随着时代的变化，日本茶道中的繁文缛节都做了改革或简化，现在普通茶道多以茶会的形式进行。

由于茶道的盛行，日本人普遍喜欢饮茶，认为饮茶有助健康，可以延年益寿。近些年，日本茶叶消费的品种也有变化，除传统的绿茶外，乌龙茶急剧增加，有的对普洱茶、茉莉花茶也很喜欢。茶的包装正向多样化、现代化发展，如袋泡茶、速溶茶、罐茶水等都受到欢迎，以方便卫生为原则的"第四代方式"正在改变旧有的风俗习惯。

2. 韩国饮茶风俗

韩国茶礼又称茶仪，是大众共同遵守的传统美风良俗。韩国茶礼源于中国古代的饮茶习俗，但并不是简单地照搬、移植，而是把禅宗文化、儒家与道教的伦理道德，以及韩国传统礼节融汇于一体所形成的。早在1 000多年前的新罗时期，朝廷的宗庙祭礼和佛教仪式中就运用了茶礼。创建双溪寺的真鉴国师（774—850年）的碑文中，就记载了有关茶的习俗。

在高丽时期，朝鲜半岛已把茶礼贯彻于朝廷、官府、僧俗等各个不同阶层。最初盛行点茶法，就是把膏茶用磨磨成茶末，然后把汤罐里烧开的水倒进茶碗，用茶匙或茶筅搅拌成乳状后饮用的方法。到高丽末期，又兴起了把茶叶泡在盛开水的茶罐里再饮的泡茶法。当时，高丽朝廷举办的茶礼大约有九种：一是燃灯会，每年农历二月十五日，在宫中康乐殿的浮阶里开的燃灯会中举行茶礼；二是八关会，即每年农历十一月十四日，在宫中仪凤门阶梯底下的浮阶中开的八关会举行茶礼，也有的在农历十一月十五日举行茶礼；三是在重刑奏对仪式时，茶礼在内殿举行；四是迎北朝诏使仪式，在乾德殿举行茶礼；五是在祝贺太子诞生的仪式中，茶礼是在宫中厅幕里简单举行，宾主揖让就座上茶；六是在给太子分封的仪式中，茶礼在东宫门竹席上举行；七是在分封王子、王姬的仪式中，在大观殿举行茶礼；八是在公主出嫁时的仪式中，在宫中厅幕举行茶礼；九是在宴请群臣的酒席仪式中，在大观殿举行茶礼。高丽时期的佛教茶礼表现是禅宗茶礼，其规范是《敕修百丈清规》和《禅苑清规》。当时高丽的佛教有五宗，即法性宗、戒律宗、圆融宗、慈恩宗、始兴宗，加上天台宗、禅宗，则共七宗。其主要茶礼内容有：后任住持升座时举行尊茶、上茶和会茶仪式；寮元负责众寮的茶汤，水头负责烧开水；吃食法中记有吃茶法；农历四月十三日楞严会上茶汤，四节秉拂中有献茶，记有吃茶时的敲钟、点茶时的茶鼓等。《禅苑清规》中有关茶礼的记载有：赴茶汤礼、书状（茶会邀请书）、知客（宾客接待员）、知事头首点茶（为知事和头首的点茶）、谢茶（感谢请喝茶）等。当时佛教茶礼可见一斑。此外，朝鲜儒教也讲究茶礼。宋代朱熹的《文公家礼》传到高丽时是忠肃王时代。当时，郑梦周、赵浚等力劝国王采用《朱子家礼》。

韩国提倡的茶礼以"和""静"为根本精神，其含义泛指"和、敬、俭、真"。"和"是要求人们心地善良，和平共处，互相尊敬，帮助别人。"敬"是要有正确的礼仪，尊重别人，以礼待人。"俭"是俭朴廉正，提倡朴素的生活。"真"是要有真诚的心意，以诚相待，为人正派。此外，传统的茶礼精神还包括"清、虚"。韩国茶礼侧重于礼仪，强调茶的亲和、礼敬、欢快，把茶礼贯彻于各阶层之中，将茶视为团结全民族的力量。所以，茶礼的整个过程，从迎客、茶室陈设、茶具的造型与排列，到投茶、注茶、茶点、吃茶等，均有严格的规范与程序，力求给人以清静、悠闲、高雅、文明之感。

3. 印度饮茶风俗

印度虽然从 18 世纪末才开始从中国引进茶籽试种茶树，但是曾多次派人来华采集茶籽，雇佣种茶与制茶技术人员，且发展势头非常迅猛。1839 年，伦敦茶叶拍卖市场已有印度茶出售，1869 年已是名噪一时。

印度人喜饮浓味的加糖红茶，不过也有多种不同的嗜好。一是调味茶，以羊奶与红茶汤各占 1/2 的比例调和。当红茶煮好以后，放入一些生姜片、茴香、丁香、肉桂、槟榔、肉豆蔻等，以提高茶的香味和营养。这种调味茶源于西藏喇嘛寺中诵经时喝的奶茶，因印度人信仰佛教，故纷纷效仿。二是马萨拉茶，其制作方法是在红茶中加入姜或小豆蔻。虽然该茶的制作方法非常简单，但喝茶的方式却颇为奇特：既不是把茶倒在杯中一口口地喝，也不是倒在瓢筒中用管子慢慢吸，而是习惯把茶倒在盘子里，伸出舌头去舔饮，所以当地人又将这种茶饮称为舔茶。

在印度，同样有用茶待客的习俗。印度北方家庭喜欢喝茶，宾客来访，主人先请宾客坐到铺在地板上的席子上，男人必须盘腿而坐，妇女则双膝相并屈膝而坐。然后，主人会献上一杯加了糖的茶水，并摆上水果和甜食作为茶点。献茶时，宾客不能马上伸手接，而须先客气地推辞、道谢。当主人再一次献茶时，宾客才能双手恭敬地接住。之后，主宾双方一边慢慢品饮，一边亲切交谈。

4. 巴基斯坦饮茶风俗

位于南亚次大陆印度河流域的巴基斯坦，气候炎热，雨量稀少，又多食用牛羊肉和乳类，且居民几乎都是穆斯林，森严的教律规定不许饮酒，所以成为一个饮茶盛行的国度。

巴基斯坦人有"一日三茶"之说,"吃饭"和"喝茶"几乎成了不能分割的连用词与同义语。早餐又称早茶,食品有煎蛋饼、水果、面包、茶水和牛奶;午餐为咖喱米饭、水果和面包,还有茶水;吃晚餐也得饮茶,有的临睡时也要加饮。在巴基斯坦各地,客来敬茶成为普遍的礼仪,工作、劳动、聚会、休息或消遣也离不开茶的助兴。所以,家庭主妇每天第一件事是为全家烹煮红茶,一些大型单位也有专人为职工烹煮和送茶,所有饭馆、冷饮店几乎都有茶水供应,还有投钱取饮的露天茶摊。

巴基斯坦原为英国的殖民地,1947年才获得独立,所以其饮茶风俗既有民族的特点,也带有英国色彩。巴基斯坦人饮茶使用的器具,有开水壶、茶壶、茶杯、茶托、过滤器、糖杯、奶杯、茶盘等。多数人爱好红茶,有的采用沸水冲泡,但大多以煮饮为主,即先将红茶放在开水壶中烹煮几分钟,然后用过滤器将茶渣滤出,茶汤注入茶杯,加入牛奶和白砂糖搅拌后再饮,也有的不加牛奶而代之以柠檬片。在西北高地和靠近阿富汗边境的居民则酷爱绿茶,同样有的采用烹煮的方法,加糖或牛奶沏制,与牛奶红茶调制方法大体一致。

巴基斯坦人饮茶时还会配以茶点。例如,他们在下午4点饮用的午后茶,茶水熬好后要加入牛奶和砂糖,品饮时还要摆出品种繁多的茶点,有水果、色拉、油煎菜、肉馅饼、煎豆丸子等。以茶待客时,往往送上夹心饼干、蛋糕之类的点心,颇有中国广东"一盅二件"的风俗。

由于饮茶成风,茶叶又全靠进口,巴基斯坦年茶叶输入量与消费量居世界前列。

5. 马来西亚和新加坡饮茶风俗

马来西亚举行宴会时不上酒,只用茶水或冰水待客。马来西亚人还喜欢吃薄饼伴咖啡同时喝上一杯"拉茶"。拉茶的用料与奶茶差不多,配制好后用两个杯子将奶茶倒来倒去,由于两个杯子距离较远,白色的奶茶成了一条像被拉长了似的白色粗线。拉茶像啤酒般充满了泡沫,有消滞功能。在新加坡,喝茶虽然早已是人们生活的一部分,但起初都是为解渴而喝茶,不讲究"品"茶。即便到了20世纪80年代中期,新加坡也只有港式饮茶和肉骨茶。近几年,新加坡一批有想法的人士主张将茶文化融入优雅生活里,于是近20年间茶馆和茶艺馆应运而生,除卖茶、泡茶、品茶外,还可以开班授课,教导茶艺。

6. 土耳其饮茶风俗

西亚地区的土耳其称得上是"豪饮之国"。土耳其人往往早晨起床后先煮一壶早茶,然后才洗漱、进餐。土耳其较繁华的城市里大街小巷遍布茶馆,经常座无虚席,服务员手托托盘,上面放着一杯或数杯滚烫的茶,给宾客们送去。在工作时间,不仅有专人为政府官员、公司职员、商店店员、学校教员按时煮茶、送茶,连在学校学习的学生也会在课间休息时到校茶室里去饮茶。土耳其人爱饮红茶,不喜温饮,而喜煮滚热饮。土耳其人煮茶的方法与众不同，使用一大一小两把茶壶。先将盛满水的大茶壶放在炉火上，再把装上茶叶的小茶壶放在大茶壶上面。等水煮开，就把大壶的开水冲入小壶沏茶。饮用时，根据饮者对茶的浓淡要求，将小壶里的茶水倒进玻璃杯，再冲入不等量的大壶开水，最后加上一些白糖搅拌即可品饮。不过，在炎热的夏天，土耳其人也喜欢在茶汤里加入两三片新鲜薄荷叶，再加上冰糖，制成解渴消暑、清心凉爽的薄荷茶。

7. 斯里兰卡饮茶风俗

斯里兰卡人喜饮红茶，且叶多茶浓，饮来味带苦涩。该国的僧伽罗人酷爱饮茶，每天上午10点左右和下午4点左右是习惯的饮茶时间。斯里兰卡人饮用红茶有专门的茶具，茶中通常加牛奶和白糖，又称奶茶。有些人还习惯在茶中放一点姜末，别有一番风味。斯里兰卡在机关、厂矿、学校均设有茶室，供应茶点。到该国旅游，站着喝茶的人到处可见。各茶行中一般都设有试茶部，在论茶价前，先要用舌尖试试茶味。茶馆是人们休闲活动的重要场所之一，往往人声鼎沸、座无虚席。

二、欧美部分国家饮茶风俗

欧美国家的文化传统与中国不同，虽然这些国家更多地吸取了我国西南地区早期饮茶方式而多属调饮类，但他们的饮茶风俗还是饶有趣味的。

1. 荷兰饮茶风俗

作为欧洲饮茶先驱的荷兰，富有的家庭都备有一处茶室。由于荷兰人饮茶多在午后开始，所以，宾客只有午后来访才会受到以茶敬客的礼节接待。彬彬有礼地迎客后，女主人会从瓷或银质的精巧的茶具中取出各种茶，拿到每位宾客面前，任凭他们挑选自己喜爱的。然后将选好的茶放到小茶壶中冲泡，每人一壶。对于喜欢喝混合茶的宾客，还要把调汁一同端给他，让宾客自行注入茶中饮用。为了消除苦味，还可放一些砂糖，直到1680年才流行放奶油。喝茶时不用茶碗，而是特意将茶从茶碗倒入茶碟中，且用茶碟喝茶时必须发出"咂咂"的喝彩声，发出的声音越响，主人就越高兴。因为这种声音是感谢主人的一种表现，被认为是一种礼貌的举止。饮茶时的话题，一般仅限于茶及佐茶的蛋糕上。

2. 英国饮茶风俗

英国人饮茶始于17世纪初，到了17世纪中叶，茶叶已在伦敦市场上出售，英国上流社会已有了饮茶习惯。1688年以后，饮茶者日益增多，到17世纪末，茶叶不仅是家庭饮品，更是商业领域接洽业务的一种饮品。18世纪以后，大众化茶馆在伦敦蓬勃发展。18世纪末，伦敦有茶馆2 000余家，还有许多供政治名流议论国事、文人雅士抒发情怀的茶园,教会中也设有不少茶室。不仅上层贵族日益嗜茶成癖,其他各阶层人士亦渐谙茶艺。

英国人饮茶极有规律:清晨6时空腹而饮,称为早茶或床边茶;上午11时饮一次,称作午前茶;下午喝一次,称为午后茶或下午茶(一般在下午4时至5时30分之间);晚饭后喝一次,称为晚茶。在各个时间的饮的茶中,以午后茶最重要。即便遇上办公或会议,也要暂停下来去饮茶。在英国人的心目中,下午茶不仅是一种物质享受,同样也是一种精神寄托。现在,下午茶已成为英国人不可缺少的生活习惯。

英国各阶层人士都喜欢饮加味红茶,方法是先把茶叶捣碎,加入玫瑰、薄荷等,成为玫瑰红茶、薄荷红茶等。即便饮纯红茶,也要加入鲜奶或鲜柠檬。英国人喝茶时一定要先倒一点冷牛奶在茶具里,热后再冲热茶,然后再加一点糖。假如先倒茶再加入牛奶,会被认为是没有教养。英国人饮茶的用具都很精美,讲究用上釉的陶瓷,不喜欢用银壶或不锈钢茶壶,而且饮茶时习惯由女人来倒茶。1711年,文艺评论家艾迪生说:"生活有规矩的家庭,每日早餐都是用1小时的时间吃黄油面包、喝茶。"1712年3月11日的《旁观者》杂志刊载了一位贵妇人的日记,日记记述了许多饶有趣味的事情。但其中最有趣的是,上层社会一日两餐,上午10点吃早餐,下午3点吃正餐,并且每日早餐都喝茶。1840年以后,下午4点喝下午茶的习惯在英国中产阶层中流行开来。

由于以茶为中心的情趣的流行,英国的社会生活特别是饮食文化发生了很大变化。例如,16世纪后半叶伊丽莎白一世时,早餐是三片牛肉。而到了18世纪初则发生了根本性的变化,形成了黄油面包配喝茶的早餐习惯。英国是有饮茶传统的国家,当今,虽然有多种新颖饮料与之竞争,但茶仍是英国的第一大饮品,其消费量占饮料消费总量的44.5%,仍然有80%的英国人有饮茶习惯,饮茶仍是英国的"国饮"。

3. 俄罗斯饮茶风俗

俄罗斯饮茶的记载始于1567年,茶先受到上层贵族的宠爱,17世纪后期迅速普及到各个阶层。到19世纪,茶仪、茶礼、茶会、茶俗在俄罗斯文学作品中不断出现,茶成了某些事物的代名词,连给小费也叫"给茶钱"。

俄罗斯人饮茶十分考究,有十分漂亮的茶具,其中茶碟很别致,因为俄罗斯人喝茶时习惯将茶倒入茶碟再放到嘴边饮用。俄罗斯人习惯用茶炊煮茶喝,尤其是老年人。茶炊实际上是喝茶用的热水壶,装有把手、龙头和支脚。长期以来,茶炊是手工制作的,工艺颇为复杂。直到18世纪末、19世纪初,工厂才大批量生产茶炊。起初,茶炊的形状各式各样,有圆形的、筒形的、锥形的、扇形的,还有两头尖、中间大的橄榄状的大桶。驰名俄罗斯全国的图拉市茶炊,是用银、铜、铁等金属原料和陶瓷制成的。之后,出现了暖水瓶式的保温茶炊,内部分为三格,第一格盛茶,第二格盛汤，第三格可盛粥。现在使用的电茶炊，形状近似金银质的奖杯。俄罗斯的能工巧匠们常将茶炊的把手、支脚和龙头雕铸成金鱼、公鸡、海豚、狮子等栩栩如生的动物形象。茶炊上还常镌刻着隽永的词句，如"火旺茶炊开，茶香客人尝""茶炊香飘风行客，云杉树下有天堂"。所以，茶炊不仅可以供喝茶用，还可以作为装饰工艺品陈设在室内。

在日常生活中，俄罗斯人每天都离不开茶。早餐时喝茶，一般吃夹火腿或腊肠的面包片、小馅饼、奶渣饼等。午餐后也喝茶，茶里放柠檬、砂糖等。特别是在星期天、节日或洗过热水澡后，俄罗斯人更是喜欢喝茶。他们认为长时间地喝茶别具风味，还会端上糖块、点心、面包圈、蜂蜜和各种果酱。俄罗斯民族一向以"礼仪之邦"而自豪，许多家庭都有以茶奉客的习惯，连只有1 600多人的乌德盖人也请宾客及旅行者喝茶。以茶待客时，主人往往端上甜点心、大蛋糕、大馅饼等，直喝到宾主满意为止。

4. 法国饮茶风俗

16世纪中叶，饮茶先是盛于皇室贵族及有闲阶层，之后逐渐普及大众。但在当代，茶叶一度被视为老派人物的饮料，年青一代对之不屑一顾。从20世纪50年代开始，这种状况才逐步改善。

据说，法国兴起饮茶热，消费量不断增加有两个契机。一是芳香茶的发展迎合了法国人的口味，尤其是符合了年青一代追求新奇的心理。芳香茶是指带有花香、果香、叶香，甚至焦糖香、巧克力香等一切具有"外加香味"特点的茶叶，是将花果叶制成的香精喷入红茶中制作而成的。标新立异的芳香茶吸引了大批法国茶客，之后他们转而逐渐爱上了传统茶，养成了稳定的茶叶消费习惯。二是中国作家老舍的戏剧作品《茶馆》被介绍到法国后，茶厅如雨后春笋般发展起来，与此同时引发了饮茶热。法国许多茶厅的建筑风格和厅内布局类似旧北京的茶馆，商人、艺术家以常去富有中国传统韵味的茶厅为时尚；年轻的情侣认为在富有东方气息的茶厅约会，会给爱恋增添新鲜感；老年人深信饮茶有益健康，所以常常整天泡在茶厅里。更多的法国人希望从单调的快餐生活中解脱出来，渴望体验东方的生活方式与文化。

法国人饮用的茶叶和采用的品饮方式，因人而异，各具特色。饮用红茶的人数最多，冲饮法类似英国的泡制方法。取茶一小撮或一小包冲入沸水，放入糖或牛奶，还有的拌进新鲜鸡蛋。近年风行的瓶装茶汁，则加入柠檬汁或橘子汁。饮用绿茶的人数也不少，煮饮时均加入糖或新鲜薄荷叶，以求甜蜜舒爽，香味浓郁隽永。此外，法国多家中国餐馆及旅法的中国人，大多留恋香气袭人的花茶，一般以沸水冲泡清饮。这种风俗也影响到爱好花和香味的法国人，他们近年来也对花茶产生了浓厚的兴趣。

5. 德国饮茶风俗

德国人饮茶讲求质量，最喜欢茶味浓郁的高档红茶。德国人饮茶时，依然遵循茶叶商会早期定出的"泡茶五律"：取洁净冷水煮沸；用热水温壶；按一杯茶一汤匙干茶的比例将茶叶置于壶内；注入煮沸的开水，盖上壶盖，静置三分钟；倒出茶汤于杯内，添加牛奶、白糖或一片柠檬供品尝。也许是民族心理作祟，虽然茶叶传自东方，但德国人都习惯买有德文标识的茶叶。

在德国家庭晚餐桌上，大都备有哈姆茶，这是用产于地中海沿岸的一种紫苏或芹科植物的花、叶、果加工制作而成的草药茶。青年人则喜欢果味茶，这是一种由柠檬、香草、豆蔻等12种果皮或药材配以玫瑰制成的果皮茶，五颜六色，香气四溢，汤呈玫瑰色，味带甜略酸，在德国年轻人中很畅销，进而风靡西欧。

6. 美国饮茶风俗

美国人特别喜欢饮用冰茶。冰茶是一种有甜、酸、涩三重滋味的清凉饮料。冰茶调制的方法是：将红茶泡成浓郁的茶汁，倒入预先放了冰块的玻璃杯内，再加入适量的蜂蜜和一两片新鲜的柠檬。美国人饮茶喜欢简单、快速，所以多用速溶茶，因可免掉冲泡茶叶、倾倒茶渣的麻烦。所谓速溶茶，是指茶叶加柠檬汁（或山楂汁）和白砂糖，经喷雾干燥呈粉末状，饮用时无论加冷、热水都可以迅速溶解。

冰茶风行全美，并在竞争激烈的饮料市场中方兴未艾，原因是多方面的。一是在美国的饮食习俗中，人们一贯喜欢冰激凌等冷饮和水果，爱喝冰水、矿泉水，连啤酒、香槟、威士忌、白兰地等酒水及饮料都喜用冰镇过的，不论冬夏都是如此。二是美国人喜欢喝柠檬茶，据说与美国的官方政策有关。美国盛产柠檬，官方为了提高柠檬的消费量，就大肆宣传柠檬。三是冰茶本身特有的魅力：既含浓郁的茶味，又有多种果味与清心的刺激味；既省时方便，又可结合个人口味添加其他辅料；既可解渴，又有益于恢复精力与保持健美体形。尤其是盛夏，喝上一杯凉爽的冰茶，更使人通体凉爽、暑气顿消。

近几年，美国饮茶之风呈上升趋势，销量最大的为红茶。

7. 加拿大饮茶风俗

加拿大茶叶消费量大，主要饮红茶，而绿茶只销于盛产木材的地区。泡茶方法是先烫热陶质茶壶，再放入一茶匙的茶叶和相当于两杯的茶汤，然后开水泡5~8分钟。茶汤注入另一热茶壶供饮用，通常加入乳酪和糖，很少加入柠檬或单饮茶汤。加拿大人一般在用餐时和临睡前都饮茶，多用袋泡茶。加拿大主要都市的大旅馆和剧院，都提供午后茶。冬季竞技时期，乡镇沿路都有应时开设的茶室、茶馆。夏季避暑胜地亦有午后茶供应。许多百货商店备有茶室，以午后茶款待宾客，招揽生意。

三、非洲部分国家饮茶风俗

1. 埃及饮茶风俗

埃及是历史悠久的世界四大文明古国之一,位于非洲东北部,沙漠面积占全国总面积的96%,全年干燥少雨,因此,当消暑解渴健体的茶来到埃及后,很快受到埃及人民的欢迎。

茶在埃及人的生活中很重要,因为埃及人从早到晚都要喝茶。在社交场合更是必不可少,无论是两个人见面,还是集体聚会,照例都要沏茶。虽然埃及人也喝咖啡等饮料,但都竞争不过茶叶,政府对下层平民还有饮茶补贴。

喝浓厚醇香的红茶,是埃及人的嗜好。他们不喜欢在茶汤中加牛奶,而是喜欢放白糖。埃及人泡茶,一般不用瓷器,而用小巧的玻璃器皿。红浓的茶水盛在透明的杯中非常好看,小巧的茶杯还便于闻香,真是既饱口福又饱眼福。埃及的糖茶,味道甘甜得吓人。其做法是:将茶叶放入茶杯用沸水冲沏后,加入1/3容积的白糖,茶水入嘴后有黏黏糊糊的感觉。一般人喝上两三杯后,甜腻得连饭都不想吃。所以,宾客临门,主人先端来一碗加较多白糖的热茶,同时还端来一杯凉水,便于宾客稀释茶水。

埃及虽然没有专门的茶馆,但具有阿拉伯浓郁风情的咖啡馆比比皆是,这里是男人们喝咖啡、喝红茶、谈天说地、消愁解闷的场所。1773年建立,至今已有200余年历史的菲沙威咖啡馆,就供应有红茶和绿茶。此外,夏季有清凉解渴的椰枣茶、葡萄茶、柠檬茶等,冬天则有暖和驱寒的桂皮茶、沙列布茶等。富有特色的咖啡馆,成了埃及的缩影。例如,诺贝尔文学奖得主、埃及大作家纳吉布·马哈福兹就经常去咖啡馆,在咖啡馆中写作。

2. 摩洛哥饮茶风俗

地处非洲西北部的摩洛哥,每年进口绿茶数量居世界前列。摩洛哥人最喜欢中国的绿茶,绿茶进口量占茶叶总进口量的2/3左右。由于摩洛哥人酷爱中国绿茶,并嗜饮成俗,以至有的摩洛哥人风趣地说:"摩洛哥人身体的一半是绿茶。"这句话虽属幽默,但也颇有道理。

由于地处炎热的非洲,摩洛哥人喜爱牛羊肉,爱好甜食,缺少蔬菜,所以茶叶成为摩洛哥人生活的必需品。工作时,摩洛哥人身边总是放着一杯甜绿茶。就连贫苦的居民,每天也要喝一杯绿茶。在社交活动中,用茶招待宾客是很讲究的礼节,宴会前,先倒水给宾客洗手,然后进茶,请宾客品尝浓而黏稠的薄荷茶。宴会上,主人可用甜茶代替各种酒类招待宾客。逢年过节,摩洛哥人会在甜茶中加上几片鲜薄荷叶,喝起来有爽心、润肺之感。饭后,主人通常请宾客再饮茶三道,边饮边谈。在摩洛哥,用茶待友是一种礼遇，走亲访友时，送上一包茶叶是相当高的敬意，有的还用红纸包茶，作为新年礼物赠送他人。

摩洛哥人创造了一套精美的铜质茶具（有的还镀银）：尖嘴红帽或白帽的茶壶，雕有花纹的大铜盘，香炉形的糖缸，长嘴大肚子的茶杯，刻有各种各样具有浓厚民族色彩的图案。茶具和谐悦目，富有非洲风格，不仅非常实用，还可当作工艺品观赏。用这种茶具品饮鲜浓可口的绿茶，确是物质和精神的双重享受。摩洛哥人泡茶的方法也很独特，先在壶里放入茶叶冲上少许沸水，但立即将水倒掉，然后再冲入开水放上白糖并加鲜薄荷叶，泡几分钟后才倒入杯子里喝。茶叶泡两三次后，还要适当添加茶叶和糖。一壶茶三沏，最少需用茶叶10克，白糖150克左右。除了家庭饮茶外，摩洛哥的茶肆也很热闹。在炉火熊熊的灶上，大茶壶里的沸水突突作响，面带笑容的老板娘熟练地从麻袋里抓一把茶叶，又用榔头从另一个麻袋里砸一块白糖，顺手揪一把鲜薄荷叶，一起放进小锡壶里冲进开水，再放到火上去煮；两滚之后，小锡壶便被端到桌上。此时，人们就可以边饮茶，边吃着夹肉的面包了。

在摩洛哥，饮茶约有300年的历史。相传，17世纪后期，曾有一艘满载中国绿茶的轮船，经摩洛哥海运去英国。途中突然发生故障，船身下沉，船主被迫弃船离开。当地人冒险将部分茶叶抢上岸，发现茶叶用热水冲泡鲜爽可口，还能帮助消化、滋润肠胃，于是赞不绝口。在摩洛哥人的心目中，中国绿茶一直有很高的声誉，北方人爱饮秀眉绿茶，南方人爱饮珠茶，中部地区人爱饮珍眉绿茶。许多有经验的茶客是懂茶的行家里手，他们用手一摸、鼻一闻，便知道绿茶的品质高低。至于花茶，主要供应宫廷贵族；红茶则供应旅馆、饭店里的欧洲人或欧化了的本地人。

3. 毛里塔尼亚饮茶风俗

地处非洲西北部的毛里塔尼亚的摩尔人，待客的主要方式是同时敬茶三杯。大多摩尔人家里会备有一套茶具，包括四只小杯、一把小瓷壶、一个瓷盘和一个小煤气炉。饮茶时，摩尔人先将茶叶放入茶壶内加水，加上白糖和薄荷，然后将壶放在煤气炉上烧煮，直到溢出香味为止。敬客时，女主人将煮好了的茶倒在杯中后，再用一个空杯反复倒出倒进。由于手法纯熟，茶水不会溅到杯外，直到茶水温度适宜方可献给宾客。宾客必须一饮而尽并且连饮三杯，才是对主人有礼貌的表现。

4. 肯尼亚

肯尼亚位于非洲高原的东北部，是一个横跨赤道的国家，濒临印度洋，位于热带季风区，平均海拔1 500米，气候温和，雨量充足，很适合茶叶生长。

肯尼亚人民主要饮红碎茶，也有喝下午茶的习惯，冲泡红茶时加糖也很普遍。在肯尼亚，过去只有上层社会才饮茶，目前一般平民也喝茶，在市面上也可看到提供饮茶的场所。除红茶外，肯尼亚人民也饮用绿茶。

第三章

茶叶知识

第一节 茶树基本知识

一、茶树的定义

茶树原产于我国,是一种多年生木本常绿植物。

茶树的最初学名是 *Camellia sinensis*(L.)。1950年我国植物学家钱崇澍根据国际命名和茶树特性的研究,确定以 *Camellia sinensis*(L.)O.Kuntze 为茶树学名。它的植物学分类地位是:

界　　植物界
　门　　种子植物门
　　亚门　　被子植物亚门
　　　纲　　双子叶植物纲
　　　　亚纲　　原始花被亚纲
　　　　　目　　杜鹃花目
　　　　　　科　　山茶科
　　　　　　　亚科　　山茶亚科
　　　　　　　　族　　山茶族
　　　　　　　　　属　　山茶属
　　　　　　　　　　种　　茶种

二、茶树的特征

1. 茶树的树型

茶树的地上部分，在无人为控制的情况下，因分枝性状的差异，可分为乔木型、小乔木型和灌木型三种。

（1）乔木型茶树。乔木型茶树有明显的主干，分枝部位高，通常树高3～5米。

（2）小乔木型茶树。小乔木型茶树在树高和分枝上都介于灌木型茶树与乔木型茶树之间。

（3）灌木型茶树。灌木型茶树没有明显主干，分枝较密，多近地面处，树冠短小，通常树高为1.5～3米。

茶树的树冠形成，由于分枝角度、密度的不同，分为直立状、半直立状、披张状三种。

目前，人工栽培的茶园，为了茶叶的优质和高产，科学地培养植株和树冠，已成为栽培管理上的重要环节。运用修剪和采摘技术，培养健壮均匀的骨干，扩大分枝的密度和树冠的幅度，增加采摘面，控制茶树的高度等，有效地提高了茶叶的产量和质量，也方便了采摘和管理。

2. 茶树的组成

（1）根。茶树的根由主根、侧根、细根、根毛组成，为轴状根系。主根由种子的胚根发育而成，在垂直向土壤深层生长的过程中，分生出侧根和细根，细根上生出根毛。主根和侧根构成根系的骨干，寿命较长，起固定、输导、储藏等作用。细根和根毛统称吸收根，寿命较短，不断更新。

茶树的根系在幼年期主根发达，侧根不多，主要向土壤深层发展；至成年期，根系逐渐向广度发展，根幅可达1米以上；至衰老期，根系由外向内逐步死亡。

根系的分布除受树龄影响外，还因土壤条件、品种、栽培方式等的影响而有一定差异。根系的生长有向水、肥、阻力小的方向生长的特点。

（2）茎。茶树的茎分主干、主轴、骨干枝和细枝。分枝以下的部分称为主干，分枝以上的部分称为主轴。主干是区别茶树类型的重要根据之一。

茶树的分枝分为单轴分枝和合轴分枝。幼年期的茶树是单轴分枝，主茎生长旺盛，形成明显的直立主枝。成年期的茶树，主枝达到一定高度后，生长将变得缓慢，侧枝迅速产生，使分枝层次增加，形成合轴分枝，树冠成为披张状，及时地修剪，可以控制主茎向上的生长优势，达到树冠展开状态。

在茎上，叶着生的部位叫节，两叶之间的部位叫节间，叶脱落后留有叶痕。芽分叶芽和花芽，叶芽展开后形成的枝叶称新梢。新梢展叶后，分一芽一叶梢、一芽二叶梢，摘下后即是制茶用的鲜叶原料。

茶树的枝茎有很强的繁殖能力，将枝条剪下一段插入土中，在适宜的条件下即可生成新的植株。

（3）叶。茶树的叶片是制作饮料茶叶的原料，也是茶树进行呼吸和光合作用的主要器官。

茶树的叶由叶片和叶柄组成，没有托叶，属于不完全叶。在枝条上为单叶互生，着生的状态因品种而不同，有直立状、半直立状、水平状、下垂状四种。叶面为革质，较平滑，有光泽；叶背无革质，较粗糙，有气孔，是茶树交换体内外气体的通道。

茶树叶片的大小、色泽、厚度和形态，因品种、季节、树龄及农业技术措施等的不同而有显著差异。叶片形状有椭圆形、卵形、长椭圆形、倒卵形、圆形等，以椭圆形和卵形居多。成熟叶片的边缘有锯齿，一般为16~32对；叶片的叶尖有急尖、渐尖、钝尖和圆尖之分；叶片的大小，长的可达20厘米，短的5厘米，宽的可达8厘米，窄的仅2厘米。

以成熟叶为例。茶树叶片的叶脉呈网状，有明显的主脉，由主脉分出侧脉，侧脉又分出细脉，侧脉与主脉成45°左右的角度向叶缘延伸，近叶缘时，呈弧形向上弯曲，并与上一侧脉连接，组成一个闭合的网状输导系统，这是茶树叶片的重要特征之一。

茶树叶片上的茸毛一般常称为"毫"，也是它的主要特征。茶树嫩叶的背面着生茸毛，这是鲜叶细嫩、品质优良的标志。茸毛越多，表示叶片越嫩。一般从嫩芽、幼叶到嫩叶，茸毛逐渐减少，到第四叶叶片的成熟叶，茸毛便已不见了。

（4）花。花是茶树的生殖器官之一。茶花可分为花托、花萼、花瓣、雄蕊、雌蕊五个部分，属于完全花。茶花为两性花，多为白色，少数呈淡黄或粉红色，稍有芳香。茶花的花瓣通常为5~7瓣，呈倒卵形，基部相连，大小因品种而不同。

茶花自授粉至果实成熟，大约需一年零四个月。在此期间，茶树仍不断产生新的花芽，继续开花、授粉，产生新的果实，同时进行花与果的形成，这也是茶树的一大特征。

（5）果实与种子。茶树的果实是茶树进行繁殖的主要器官。果实包括果壳、种子两部分，属于蒴果类型。

果实的形状，因发育籽粒的数目不同而异，一般一粒者为圆形，两粒者近长椭圆形，三粒者近三角形，四粒者近正方形，五粒者近梅花形。果壳幼时为绿色，成熟后变为褐色。果壳起到保护种子发育和帮助种子传播的作用，质地较坚硬，成熟后会裂开，种子自落于地面。

茶树种子多为褐色，也有少数为黑色、黑褐色，大小因品种不同而异，结构可分为外种皮、内种皮与种胚三部分。辨别茶籽质量的标准是：外壳硬脆，呈棕褐色，在正常采收和保管下，发芽率为85%左右。

三、茶树的生长

1. 茶树的生长环境

茶树在生长过程中不断地和周围环境进行物质和能量的交换，既受环境制约，又影响周围环境。因此，合理地选择自然环境和适当进行人工调整，是保证茶树质量和保护周围环境的关键。

（1）气候。茶树性喜温暖、湿润，在南纬45°至北纬38°间都可以种植，最适宜的生长温度为18~25 ℃，不同品种对于温度的适应性有所差别。一般来讲，小叶种的茶树，抗寒性与抗旱性均比大叶种强。

茶树生长需要年降水量1 500毫米左右，且分布均匀。早晚有雾，相对湿度保持在85%左右的地区，较有利于茶芽发育及茶青品质。若长期干旱或湿度过高均不适于茶树生长栽培。

（2）日照。茶作为叶用作物，极需要日光。日照时间长、光度强时，茶树生长迅速，发育健全，不易患虫害病，且叶中多酚类化合物含量增加，适制红茶。反之，茶叶受日光照射少，则茶质薄，不易硬化，叶色富有光泽，叶绿质细，多酚类化合物少，适制绿茶。紫外线对于提高茶汤的水色及香气有一定影响。高山所受辐射的紫外线较平地多，且气温低、霜日多、生长期短，所以高山茶树矮小，叶片亦小，茸毛发达，叶片中含氮化合物和芳香物质较多，故高山茶香气优于平地茶。

（3）土壤。茶树适宜在土质疏松、土层深厚、排水透气良好的微酸性土壤中生长，酸碱度（pH）值在4.5~5.5范围内为最佳。

茶树要求土层深厚，至少1米以上，其根系才能正常发育和发展，若有黏土层、硬土层或地下水位高，都不适宜种茶。石砾含量不超过10%，且含有丰富的有机质的土壤是较理想的茶园土壤。

2. 茶树的栽培

（1）茶树育苗。茶树作为异交作物，其遗传物质极其复杂，有性繁殖的后代无法保存品种原有特性。因此，目前茶树育苗均采用无性繁殖的方式——扦插育苗法。

扦插是剪取茶树植株的某一营养器官，如枝、叶、根的一部分，按一定方法栽培于苗床上，使其成活为茶树幼苗。扦插育苗法取材方便，成本低，成活率高，繁殖周期短，能充分保持母株的性状和特性，有利于良种的推广，而且育成的茶苗品种纯一，长势整齐，便于采收及管理。目前，世界各大产茶园都已采用这种方法。

扦插成活率及幼苗质量由品种固有遗传性及所选择枝条的强弱决定。因此，选取母树时应选择品种优良、生长健壮、无病虫害的品种，且其枝条、叶芽无外力损伤。剪枝前要多施有机肥料，停止采叶，促进茶芽生长，以利于其发育成健壮枝条。

（2）茶树种植。茶树种植时期在每年11月至次年3月下旬之间，雨季前后均可种植。不同茶区种植时期稍有不同，如南方应以1月底为宜，2月以后白天日照强，气温高，幼苗容易枯死；北方或高山茶区，气温较低，为配合雨季，可延至3月底种植。

茶树的种植密度受土壤、地形、气候及品种影响，不尽相同。目前，我国采用多条密植栽种方式，大行距为1.5米；小行距为33厘米，共三小行；丛距为20厘米，每丛移苗两三株，每亩20 000株左右。

种植茶苗前应先施基肥，规划好行距，最好选择雨后或微雨、浓雾、土壤湿润时，尽量避免在烈日下种茶。茶苗移植尽量就近起苗，带土移植，随挖随栽。种植后为减少叶片水分蒸发，应于离地面20厘米左右处水平式剪枝，宜在幼苗两侧覆盖稻草或其他干草，以防止干旱，保护幼苗。

四、茶叶的采摘与制作

1. 茶叶采摘

茶树的新梢生长到可以采收的标准时，即可及时采摘，采下的芽叶为制茶的原料。对茶树不断地进行适当的采摘，可以不断减慢新梢顶端的生长势头，促进侧芽萌发，形成更多的新梢，延长茶树的经济生产期，增加产量，而且能提高成茶品质。

茶叶萌芽分为早生种、中生种、晚生种三大类。视各地气候环境，早生种平均在2月下旬萌芽，3月下旬开始采摘；中、晚生种则各依次延迟十几日。

中国大部分茶区，对茶树合理采摘是按"标准、及时、分批、留叶采"的规则来进行的。不同茶类对原料茶叶有不同的采摘标准，要根据生产实际和市场需求来制定。

目前，我国大宗红、绿茶的采摘标准是质量兼顾，以收益最高为依据，一般采一芽二叶、一芽三叶和柔嫩的对夹叶。

乌龙茶的采摘标准，须等新梢生长近成熟、叶片开度达八九成时，采下带驻芽的两三片嫩叶。

名贵茶类的采摘标准，要求原料细嫩匀净，只采初萌的壮芽或初展的一芽一二叶。

边梢茶对原料嫩度要求较低，主要采摘粗大的叶片，一芽四五叶或对夹三四叶均可。

采摘分人工采摘和机器采摘两种。人工采量比机器少，成本高，价格也较昂贵。然而，人工采茶选择性较大，叶片也较完整；机器采茶成本较低，但是茶叶无选择性，茶梗、老叶、嫩叶混合在一起。由于成本不同，售价也不同。人工采茶用手折还是用小刀切，制作出来的茶叶的品质是有些差异的。大量制作茶叶时，使用机器比较能稳定茶叶的质量。茶叶产量的高低、品质的优劣，一定程度上是由采摘决定的。所以，合理、科学地采摘是茶叶生产的重要环节。

2. 茶叶的制作

炒茶的工艺较复杂，从茶树上采下来的鲜叶，静置多长时间开始炒，是茶叶变化的关键，并由此而产生出三大系列茶叶，即不发酵茶、半发酵茶和全发酵茶。

鲜叶即刻炒定干燥后制成的茶叶，称为不发酵茶。由于不发酵，鲜叶的颜色改变不大，所以是绿茶。

鲜叶静置一定时间，而后炒定干燥的茶叶，称为部分发酵茶或半发酵茶。这类茶叶是最复杂的，因为静置时间的长短不同，而有不同程度的变化。因为这类茶属于部分发酵，所以干茶呈现青色，发酵越高青色越深，甚至转为青褐色。总的来说，这类茶呈现为青蛙皮般的颜色，因此称为青茶。

如果将鲜茶长时间静置，让它完全渥红（发酵），即全发酵茶，做出来的干茶呈暗红色，也就是红茶了。

如今，茶叶的制造大部分是以炒青的方法来固定它的发酵度，绝大部分的茶叶属于散茶类。因此，今天人们喝茶主要是以沏泡的方式，喝泡出来的茶汤。煮茶、烹茶或点茶的方法已经很少用了，喝茶方式的不同也影响到茶对人身体的保健功能和药理作用，同时也影响了茶文化的发展。

茶叶在现代已经是许多人不可或缺的日常用品。茶叶的名称很多，并不是因为茶树的品种太多，所以不可把茶叶的成品名与原料名混淆。也就是说，这棵茶树叫作乌龙，未必制造出来的茶叶就叫乌龙；而红茶、绿茶也不是由所谓的红茶树、绿茶树制造出来的。

茶树的品种在中国有350多种，而生产出来的茶叶有1 500多种。茶树是茶叶的原料来源。茶树上长着的叶子叫生叶，从茶树上采下来的叶子叫鲜叶，也叫茶青。鲜叶经过制茶工序而成毛茶，也就是半成品。半成品经过加工而成精制茶，也就是成品，这才是所谓的"茶叶"。

茶叶的不同是由于制造方法的不同造成的。原则上，从任何一种茶树上摘下来的鲜叶，都可用不同的制造方法制成任何一样成品茶叶。当然，哪一品种的茶树最适合制成哪种茶叶，取决于它的适制性。如果谈茶时，能把原料和成品分开来说，原料的名称是原料的名称，成品的名称是成品的名称，这就比较清楚了。此外，因产地、季节、制造工艺、形状、雅名等的不同，同种茶叶还会衍生出多样异名。因此，茶叶的名称应该用成品的名称，不应该把原料的名称或半成品的名称当作茶叶的名称。因为不同的原料可以制造或加工成同一样茶叶，同种的原料也可以制造或加工成不同样的茶叶。

茶树芽叶所含的成分极为复杂，茶叶的制造就是要应用加工技术去除不利于成茶品质的成分，留下有利成分，制成消费者所要求的色、香、味、形俱佳的优质茶叶。

茶叶依加工方式及发酵程度可大致分为不发酵茶类、半发酵茶类及全发酵茶类，各茶类的制造流程如下。

（1）不发酵茶类

茶青→炒青→揉捻→炒揉→干燥→龙井。

茶青→炒青→揉捻→滚筒初干→滚筒整形→再干→眉茶、珠茶。

茶青→蒸青→初揉→揉捻→中揉→精揉→干燥→煎茶。

（2）半发酵茶类

茶青→室内摊青萎凋→烘青→轻揉→焙干→白茶类。

茶青→日光萎凋（热风萎凋）→室内萎凋及搅拌（进行部分发酵）→发酵程度8%~25%→炒青→揉捻→干燥→文山包种茶。

茶青→日光萎凋（热风萎凋）→室内萎凋及搅拌（进行部分发酵）→发酵程度8%~25%→炒青→初干→热团揉→再干→乌龙茶。

茶青→日光萎凋（热风萎凋）→室内萎凋及搅拌（进行部分发酵）→发酵程度50%~60%→铁观音茶。

茶青→日光萎凋（热风萎凋）→室内萎凋及搅拌（进行部分发酵）→发酵程度50%~60%→炒青→回干→揉捻→干燥→膨风茶、白毫乌龙。

（3）全发酵茶类

茶青→室内萎凋→切青→揉捻→补足发酵→干燥→切青红茶。

茶青→室内萎凋→揉捻→解块→补足发酵→干燥→工夫红茶。

茶青→室内萎凋→揉捻→揉碎→补足发酵→干燥→碎红茶。

茶青→室内萎凋→揉捻→筛分→再揉→补足发酵→干燥→分级红茶。

第二节　茶叶种类

茶学专家陈椽先生以茶叶品质系统性和制法系统性为依据提出茶叶分类，将中国茶叶的种类分为基本茶类和再加工茶类。基本茶类按照加工工艺和发酵程度不同，系统地把茶叶分为绿茶、白茶、黄茶、乌龙茶、红茶、黑茶六大类。

一、基本茶类

中国茶类
- 基本茶类
  - 绿茶
    - 蒸青绿茶（煎茶、玉露等）
    - 晒青绿茶（普洱生茶、川青、陕青等）
    - 炒青绿茶
      - 眉茶（特珍、珍眉、凤眉、秀眉、贡熙等）
      - 珠茶（珠茶、雨茶等）
      - 特种炒青（碧螺春、雨花茶、松针等）
    - 烘青绿茶
      - 普通烘青（闽烘青、浙烘青、苏烘青等）
      - 特种烘青（黄山毛峰、太平猴魁、高桥银毫等）
  - 白茶
    - 白芽茶（白毫银针等）
    - 白叶茶（白牡丹、贡眉、寿眉等）
  - 黄茶
    - 黄芽茶（君山银针、蒙顶黄芽等）
    - 黄小茶（北港毛尖、沩山毛尖、温州黄汤等）
    - 黄大茶（霍山黄大茶、广东大叶青等）
  - 青茶（乌龙茶）
    - 闽北乌龙（大红袍、水仙、肉桂等）
    - 闽南乌龙（铁观音、奇兰、黄金桂等）
    - 广东乌龙（凤凰单丛、凤凰水仙、岭头单丛等）
    - 台湾乌龙（冻顶乌龙、文山包种、白毫乌龙等）
  - 红茶
    - 小种红茶（正山小种等）
    - 工夫红茶（滇红、祁红、川红、闽红、宜红等）
    - 红碎茶（叶茶、碎茶、片茶、末茶等）
  - 黑茶
    - 湖南黑茶（安化黑茶等）
    - 湖北老青茶（蒲圻老青茶等）
    - 四川边茶（南路边茶、西路边茶等）
    - 云南普洱茶
    - 广西六堡茶
- 再加工茶类
  - 花茶（茉莉花茶、珠兰花茶、玫瑰花茶、桂花茶等）
  - 紧压茶（黑砖、茯砖、方茶、饼茶、沱茶等）
  - 萃取茶（速溶茶、浓缩茶等）
  - 果味茶（荔枝红茶、柠檬红茶、山楂茶等）
  - 保健茶（苦丁茶等）
  - 含茶饮料（茶可乐、茶汽水、冰红茶等）

1. 绿茶

绿茶类属不发酵茶（发酵度：0）。绿茶的茶叶颜色是翠绿色，泡出来的茶汤是绿黄色，如雨花茶、龙井、碧螺春、黄山毛峰、太平猴魁等。

颜色：碧绿、翠绿或黄绿，久置或与热空气接触易变色。

原料：嫩芽、嫩叶，不适合久置。

香味：清新的绿豆香，味清淡微苦。

性质：富含叶绿素和维生素 C，茶性较寒凉，咖啡碱、茶碱含量较多，较易刺激神经。

2. 白茶

白茶类属部分发酵茶（发酵度：10%）。白茶是条状的白色茶叶，泡出来的茶汤呈象牙色。因白茶是采自茶树的嫩芽制成，细嫩的芽叶上面布满了细小的白毫，白茶的名称因此而来，如白毫银针、白牡丹、寿眉等。

颜色：色白隐绿，干茶外表满披白色茸毛。

原料：福鼎大白茶种的壮芽或嫩芽制造，大多是针形或长片形。

香味：汤色浅淡，味清鲜爽口、甘醇、香气弱。

性质：寒凉，有退热祛暑作用。

3. 黄茶

黄茶类属部分发酵茶（发酵度：10%）。黄茶是一种发酵度不高的茶类，制造工艺类似绿茶，过程中加以闷黄，因此具有黄汤、黄叶的特点，如君山银针、蒙顶黄芽、霍山黄芽等。

颜色：黄叶、黄汤。

原料：带有茸毛的芽头，用芽或芽叶制成。制茶工艺类似绿茶。

香味：香气清纯，滋味甜爽。

性质：凉性，产量少，是珍贵的茶叶。

4. 青茶

青茶类属半发酵茶（发酵度：10%～70%），俗称乌龙茶。青茶种类繁多，茶叶颜色是深绿色或青褐色，泡出来的茶汤是蜜绿色或蜜黄色，如冻顶乌龙、闽北水仙、铁观音、武夷岩茶等。

颜色：青绿、暗绿。

原料：两叶一芽，枝叶连理，大都是对口叶，芽叶已成熟。

香味：花香果味，从清新的花香、果香到熟果香都有，滋味醇厚回甘，略带微苦亦能回甘，是最能吸引人的茶叶。

性质：温凉，略具叶绿素、维生素 C，茶碱、咖啡碱含量约为 3%。

5. 红茶

红茶类属全发酵茶（发酵度：100%）。红茶通常是碎片状，但条形的红茶也不少。茶叶颜色是深红色，泡出来的茶汤是朱红色，如祁红、滇红、宜红等。英文把红茶称作 Black Tea，意思是黑茶。确实，外国人喝的红茶颜色较深，呈暗红色。

颜色：暗红色。

原料：大叶、中叶、小叶都有，一般是碎形和条形。

香味：麦芽糖香、焦糖香，滋味浓厚略带涩味。

性质：温和，不含叶绿素、维生素 C，因咖啡碱、茶碱含量较少，兴奋神经效能较低。

6. 黑茶

黑茶类属后发酵茶（随时间的不同，其发酵程度会发生变化）。黑茶销往俄罗斯等国家及我国边疆地区，大部分内销，少部分销往海外。因此，习惯上把黑茶制成的紧压茶称为边销茶，如普洱茶、老青茶、六堡散茶等。

颜色：青褐色，汤色橙黄或褐色，虽称为黑茶，但泡出来的茶汤未必是黑色。

原料：花色、品种丰富，大叶种等茶树的粗老梗叶或鲜叶经后发酵制成。

香味：具陈香，滋味醇厚回甘。

性质：温和，属后发酵茶，可存放较久时间，耐泡耐煮。

二、再加工茶

1. 花茶

花茶是将茶叶加花窨烘而成（发酵度视茶类而异）。花茶富有花香，以窨制所用花种命名，又名"窨花茶""香片"等，饮用花茶既有茶味，又有花的芬芳，是一种再加工茶叶，如茉莉花茶、牡丹绣球、桂花茶、玫瑰花茶等。

颜色：视茶类而别，但都会有少许花瓣存在。

原料：以茶叶加花窨制而成，茉莉花、玫瑰、桂花、黄枝花、兰花等，都可加入各类茶中窨成花茶。

香味：浓郁花香和茶味。

性质：凉温都有，另有花的滋味。

2. 紧压茶

紧压茶以红茶、绿茶、青茶、黑茶的毛茶为原料，经加工、蒸压成形而制成。因此，紧压茶属于再加工茶类。我国目前生产的紧压茶主要有沱茶、普洱方茶、竹筒茶、米砖、花砖、黑砖、茯砖、青砖、康砖、金尖茶、方包茶、湘尖、紧茶、圆茶、饼茶等。

颜色：大多是暗褐色，视以何种茶类为原料而有所不同，茶汤为深红色。

原料：各种茶类的毛茶都可为原料，属于再加工茶类。

香味：沉稳、厚重。

性质：现代紧压茶与古代的团茶、饼茶在原料上有所不同，古代是采摘茶树鲜叶经蒸青、磨碎、压模成形后干燥制成。现代紧压茶是以毛茶再加工，蒸压成形而成。

3. 萃取茶

萃取茶是以成品茶或半成品茶为原料，用热水萃取茶叶中的可溶物，过滤弃去茶渣获得茶汁，经浓缩或不浓缩，干燥或不干燥，制备而成的固态或液态茶，统称萃取茶。萃取茶主要有罐装饮料茶、浓缩茶和速溶茶。

4. 果味茶

果味茶是茶叶半成品或成品中加入果汁后制成的各种含有水果味的茶。这类茶既有茶味，又有果香味，风味独特。我国生产的果味茶主要有荔枝红茶、柠檬红茶、山楂茶等。

5. 保健茶

保健茶是指用茶叶和某些中草药或食品拼合调配后制成的各种保健茶。茶叶本来就有营养保健作用，经过调配，更加强了它的某些防病治病的功效。保健茶种类繁多，功效也各不相同。

6. 含茶饮料

含茶饮料是在饮料中添加各种茶汁而研发出来的新型饮料，如茶可乐、茶露、茶汽水等。

三、非茶之茶

非茶之茶是指使用茶树之外的其他植物的花、果、叶、种、根茎等泡制的饮料。其实，这些植物与茶是完全不同的植物种属，没有一点亲缘关系，只是人们习惯上把与茶一样泡饮的非茶制品都称为"茶"。例如，常见的非茶之茶有人参茶、杜仲茶、胖大海茶、菊花茶、桂花茶、桑芽茶、苦荞茶、点心茶、锅巴茶、水果茶、香草茶等。

此外，还有一种情况，就是茶叶与其他植物的茎叶或花调配而成的饮品。这类茶品，往往根据配料与加工制作方式，列入再加工茶的类别，如人参乌龙茶、金银花茶等。

第三节　茶叶加工工艺及特点

茶树上采下来的鲜叶经过加工才能被人们饮用,加工工艺的不同就形成了不同的茶类。

一、茶叶加工的概念

1. 初制
中国传统的制茶方法分初制和精制两个过程。茶叶初制就是将采来的茶鲜叶(又称茶青)通过一系列制造工序制成干毛茶的过程。制造工序不同,制成的茶叶就不一样,这是不同茶类形成的关键所在。也就是说,同样的鲜叶原料采用不同的制茶工序就形成了不同的茶类。

2. 毛茶
毛茶就是茶叶初制形成的茶叶产品。因其外观一般还较毛糙,因此称为毛茶。

3. 精制
茶叶精制就是对干毛茶进行进一步的加工整理。这种加工整理包括筛分、风选、复火、切断、拣剔、匀堆、装箱等过程,最终使茶叶整齐一致,符合各等级商品茶的规格要求。这种精制过程,不同茶类有不同的要求,有简有繁。

4. 精制茶
精制茶就是毛茶通过茶叶精制以后形成的产品。因其外观规格一致,符合产品标准的要求,因此又称精茶。

5. 商品茶
商品茶通常是指精制以后达到产品标准的各等级茶叶。但现今市场上也有毛茶售卖,以及通过简单筛分整理就上市交易的茶叶。因此商品茶可以是精制茶,也可以是毛茶。

6. 茶叶产品标准
国家规定,各种商品茶都必须有经批准的产品标准。茶叶产品标准包括产品名称、品质规格、外形内质的要求等内容,通常在茶叶包装上必须标明该产品标准的编号。

7. 茶叶再加工

以制好的茶叶为原料进行再加工，其方式有窨花、蒸压、萃取、拼合某些中草药或果汁、香料等。通过再加工形成的产品称再加工茶，如通过窨花形成花茶，通过蒸压形成紧压茶，通过萃取形成浓缩茶和速溶茶，通过添加某些中草药形成保健茶，通过添加果汁或香料形成果味茶或香料茶等。

8. 茶叶深加工

茶叶深加工是指以茶叶为原料，采用提取分离的工业化方法获得有用的茶叶提取物，形成新的深加工产品，如提取茶叶中茶多酚、咖啡因、氨基酸等。

此外，茶叶的综合利用也日益引起业者的广泛兴趣。随着茶叶相关科学技术的发展，茶叶的价值已不仅仅限于饮料，它已从农业向工业渗透，由饮料业跨入食品业、化工业、医药业、水产业、轻工业等领域。

二、茶叶加工的特点

1. 杀青

杀青是利用高温抑制酶活性，使茶叶保持绿色，形成绿茶清汤绿叶的品质特点；同时，利用高温去除青草气形成茶香；还能够利用高温除去一部分水分，使叶子变软，有利于揉捻成条或造型。杀青常用锅或滚筒加热进行，也有用蒸汽杀青的。

2. 萎凋

萎凋是采取薄摊叶子，使叶子慢慢失去水分，叶质变软，形成茶香。萎凋的方法有日光萎凋和室内自然萎凋两种。

3. 揉捻

揉捻、揉切、包揉是一个造型过程，工夫红茶需要揉捻成条，红碎茶需要揉切成小颗粒状碎片，而卷曲形的乌龙茶则需要包揉来完成。

4. 发酵

发酵是红茶品质形成的关键工序，绿色的叶子通过发酵，茶叶中的茶多酚在多酚氧化酶的作用下氧化聚合形成茶黄素和茶红素，使叶子变红，形成红汤红叶。发酵程度要掌握得恰到好处，发酵适度才能形成汤色红艳明亮、香味鲜爽的优质红茶。发酵不足，会导致汤色欠红、滋味淡薄、香味青涩。发酵过度，会导致汤色发暗、香味不鲜爽。

5. 闷黄

闷黄是黄茶制作特有的一道工序，是指将杀青或揉捻或初烘后的茶叶趁热堆积，使茶坯在湿热作用下逐渐黄变的特有工序。按茶坯含水量的不同，闷黄又分为湿坯闷黄和干坯闷黄。

6. 做青

做青是摇青、凉青多次交替反复的工艺过程，是制作乌龙茶的关键工序。摇青有手工摇青和机械摇青，对青叶理化变化及成茶品质有直接的影响。

7. 渥堆

渥堆是黑茶制作过程中的发酵工艺，也是决定黑茶品质的关键工序，是指将晒青毛茶堆放成一定高度（通常为70厘米左右）的茶堆后洒水，上覆麻布，使之在微生物和湿热的共同作用下发酵，待茶叶发酵到一定程度后，再摊开晾干。

8. 干燥

干燥是茶叶定型和形成香气的工序，干燥的工具一般为炒茶锅和烘干机。

第四节　中国名茶及其产地

我国茶区分布辽阔，茶树品种丰富，制茶工艺不断革新，形成了丰富多彩的茶类。

一、历代贡茶

贡茶是中国古代专门进贡皇室，供帝王将相享用的茶叶。贡茶起源于西周之初，迄今已有3 000多年的历史。自唐代开始，贡茶有了进一步的发展，专门设立了贡茶院，由官府直接管理，细采精制，督造各种贡茶进贡。

1. 唐代贡茶

唐代开元中（713—740年），泰山灵岩寺僧人坐禅，昼夜不眠，又不夕食，皆许其饮茶。从此转相仿效，遂成风俗，从山东、河北的部分地区，直至首都长安，"茶道大行，王公朝士无不饮者"（封演《封氏闻见记》）。很多文学家、诗人，饮茶作诗，以示风雅。因此，唐代贡茶的兴起，与当时社会饮茶风俗的普及，帝王将相及文人雅士经常举办茶宴、茶会等有关。

永泰元年至大历三年（765—768年），御史李栖筠为常州刺史，邀陆羽品茶，陆羽发现"顾渚紫笋"茶品质超群，建议将其作为贡茶。这段史实在《义兴重修茶舍记》中就有记载："前此故御史大夫李栖筠典是邦，僧有献佳茗者，会客尝之，野人陆羽以为芳香甘辣，冠于他境，可荐于上。栖筠从之，始进万两。"于是，唐代最著名的贡茶院就确定设在了湖州长兴和常州义兴（现宜兴）交界的顾渚山。贡茶院规模很大，每年有役工数万人，采制贡茶"顾渚紫笋"。

据《长兴县志》载，顾渚贡茶院建于唐代宗大历五年（770年），至明代洪武八年（1375年），兴盛之期历时长达605年。在唐代，其产制规模之大，有"役工三万人""工匠千余人"，制茶工场有"三十间"，烘焙灶"百余所"，每岁朝廷要花"千金"之费生产万串以上（每串1斤）贡茶，专供皇室王公权贵享用。宋代蔡启《宽夫诗话》述："湖州紫笋茶出顾渚，在常湖（常州和湖州）二郡之间，以其萌茁紫而似笋也。每岁入贡，以清明日到，选荐宗庙，后赐近臣。"

每年初春时节、清明之前，贡焙新茶——"顾渚紫笋"制成后，快马专程直送京都长安，呈献皇上。《元和郡县图志》记载贞元（785—805年）以后，每岁以进奉顾渚山紫笋茶，役工三万余人，累月方毕。可见当时采制贡茶耗费人力、财力的浩繁。

唐代除在长兴顾渚山设贡茶院采制贡茶外，还规定在若干特定茶叶产地征收贡茶。据《新唐书·地理志》记载，当时的贡茶地区有16个郡，包括今湖北、四川、陕西、江苏、浙江、福建、江西、湖南、安徽、河南10个省的很多县。因此，不难看出，凡是当时有名的茶叶产区，几乎无例外地都要以茶进贡。贡茶数量之大是惊人的，唐元和十二年（817年），因讨伐吴元济，财政困难，曾"出内库茶三十万斤，令户部进代金"。

唐代贡茶绝大部分都是蒸青团饼茶，有方有圆、有大有小。其采制方法，根据陆羽《茶经·三之造》载："凡采茶，在二月、三月、四月之间。茶之笋者，生烂石沃土，长四五寸，若薇蕨始抽，凌露采焉。茶之芽者，发于丛薄之上。有三枝、四枝、五枝者，选其中枝颖拔者采焉。其日有雨不采，晴有云不采，晴，采之，蒸之，捣之，拍之，焙之，穿之，封之，茶之干矣。"根据陆羽《茶经》的成书年代（760—780年）和地点（湖州）来分析，《茶经》中所述的蒸青团饼茶的采制技术基本上可以认为主要是对"顾渚紫笋"和"阳羡茶"采制方法的记载。

2. 宋代贡茶

到了宋代，饮茶风俗已相当普及，茶会、茶宴、斗茶之风盛行。帝王嗜茶，也数宋代最甚，特别是宋徽宗赵佶（1082—1135年）更是爱茶颇深，亲自撰写《大观茶论》。皇帝嗜茶，必有佞臣投其所好，以求幸进。因此，宋代贡茶在唐代的基础上又有了较大的发展。除保留宜兴和长兴的顾渚山贡茶院之外，在福建建安又设专门采制"建茶"的官焙，规模之大、动员役工之浩繁，远远超过顾渚。

宋代宋子安《东溪试茶录》（1064年前后）记述："旧记建安郡官焙（贡茶工场）三十有八，自南唐岁率六县民采造，大为民间所苦……至道（995—997年）中，始分游坑、临江、汾常、西蒙洲、西小丰、大熟六焙隶属南剑，又免五县茶民，专以建安一县民力栽足之……"建安即现今福建省建瓯市，境内建溪两岸、凤凰山麓盛产茶叶，且天然品质好。宋太宗太平兴国年间，开始设立官焙，专门采制龙凤饼茶，供朝廷享用。其中凤凰山麓北苑的贡茶最为出名。

宋太宗至道初，诏造石乳、的乳、白乳（均为茶名）作贡茶。至宋真宗咸平（998—1003年）初，丁谓为福建转运使，监造贡茶，专门精工制作了40饼龙凤团茶，进献皇帝，获得宠幸，升为"参政"，封"晋国公"。此后，建州岁贡大龙凤茶。

至宋仁宗庆历年间（1041—1048年），蔡襄（1012—1067年），任福建转运使时，又将丁谓创造的大龙团改制为小龙团，更受朝廷赏识。蔡襄《北苑造茶》诗自序中有云："是年，改而造上品龙茶，二十八片仅得一斤，无上精妙，以甚合帝意，乃每年奉献焉。"当时的文学家欧阳修（1007—1072年）在《归田录》中记载，茶之品无有贵于龙凤者。

宋代贡茶的制造厂，是以焙为单位计算的，同时有官焙也有私焙。据统计，宋代初期从南唐移交下来的茶焙，公私合计共有1 336焙。宋子安所著《东溪试茶录》中记载，有建安官焙32所，这些官焙都是专造贡茶的，无论土质、水质、栽培、采摘、拣芽、制茶技术等均属一流，在宋代，确实可称建安茶品甲天下。

宋代初期，北苑贡茶数量并不多，据《宣和北苑贡茶录》载：宋太宗太平兴国初年仅献五十片，后次第增加，至宋哲宗元符年间（1098—1100年），以片计，竟达一万八千片，与初期较，已多数倍焉，然亦不能称盛，至于宋徽宗宣和年间已达四万七千一百余片矣。可见宋代北苑贡茶有了很大的发展。

北苑贡茶的品目花色，据熊蕃《宣和北苑贡茶录》载，计有40多个：贡新銙、试新銙、白茶、龙团胜雪、御苑玉芽、万寿龙芽、上林第一、乙液清供、承平雅玩、龙凤英华、玉除清尝、启沃承恩、云叶、雪英、蜀葵、金钱、玉华、寸金、无比寿芽、万春银叶、宜年宝玉、玉清庆云、无疆寿比、玉叶长春、瑞云翔龙、长寿玉圭、兴国岩銙、香口焙銙、上品拣芽、新收拣芽、太平嘉瑞、龙苑报春、南山应瑞、兴国岩拣芽、兴国岩小龙、兴国岩小凤（以上号称细色），拣芽、大龙、大凤、小龙、小凤（以上号称粗色），还有琼林毓粹、浴雪呈祥、壑源佳品、旸谷先春、寿岩却胜、延年石乳等。

3. 元、明、清代贡茶

元代仍继续保留着宋代遗留下来的一些御茶园和官焙，元大德三年（1299年），计有茶园120处，在武夷设焙局于四曲溪，称御茶园，焙工数以千计，大造贡茶。据董天工《武夷山志》载，元顺帝至正末年，贡茶额达990斤，明初仍之，至明世宗嘉靖三十六年（1557年），建宁太守钱嶪因本山茶枯，御茶改贡延平（福建南平）。

明代御茶生产，茶农负担甚重，除完成摊派的贡额之外，每年还要分担喊山供祭费。清代释超全所著《武夷茶歌》记载："景泰年间（1450—1457年）茶久荒，喊山岁犹供祭费，输官茶购自他山。"当时建宁每年惊蛰日，官吏致祭御茶园边的通仙井，祈求井水满而清，用以制贡茶，祭毕鸣金击鼓，台上扬声同喊"茶发芽"，称喊山。

至明代时，蒸青团饼茶渐渐减少，随着炒青芽茶的出现，开始改贡芽茶（即散茶）。据《明大政纪》记述，明太祖朱元璋于洪武二十四年（1391年）九月下令罢造龙团，唯采芽茶以进。正式改贡芽茶是自明代开始的。

《明史·食货志》载："明太祖时（1368—1398年），建宁贡茶，一千六百余斤，到朱载垕隆庆（1567—1572年）初，增到二千三百斤。"明代其他各地贡茶额与宋代相比也都有所增加。

至清代，贡茶产地进一步扩大，江南、江北著名产茶地区都有贡茶，有些贡茶还是皇帝亲自指封的。例如，清圣祖康熙皇帝在康熙三十八年（1699年）南巡江苏太湖，巡抚宋荦购朱正元独自精制的品质最好的"吓煞人香"茶进贡，康熙皇帝以其名不雅，即题曰"碧螺春"，从此"碧螺春"茶岁必采办进贡。

徽州名茶"老竹大方"，是当时老竹庙和尚大方创制进贡的，乾隆赐"大方"为茶名，自此也岁岁精制进贡。

从元代开始，贡茶的采制方法和贡茶品目历经了700多年的变革，有很大的差异性。元代仍以蒸青团饼茶为主，明代开始改贡芽茶，炒青技术得到了很大的发展。当时，采摘细嫩芽叶，将其炒制成形态各异的茶叶，使蒸青茶、烘青茶、炒青茶并存。至清代，在明代贡茶的基础上有了进一步发展，以烘青茶与炒青茶为主，制工更加精细，外形千姿百态，同时创制了乌龙茶、红茶、黑茶、花茶等，广大茶区形成了多种茶类的贡茶。

二、历史名茶

历史名茶是指在中国历史的某一或某些阶段有一定知名度的好茶，通常具有独特的外形、优异的色香味品质。由于中国产茶历史悠久、产茶区域辽阔、茶类众多，且历代贡茶都有不同程度的发展和演变，历代茶界也多有"能工巧匠"出现，加之饮茶爱好者的不同需求和市场的自然选择，我国历代名茶层出不穷。

名山、名寺出名茶，名种、名树生名茶，名人、名家创名茶，名水、名泉衬名茶，名师、大师评名茶。很多名茶就是在这样的条件下产生和发展起来的。

1. 唐代以前名茶

据史料记载，唐代以前已出现下列名茶。

产于重庆市彭水和武隆、陕西省汉中和安康地区的巴蜀贡茶、香茗。

产于四川省丹棱、洪雅一带的南安茶，彭山、眉山一带的武阳茶，邛崃一带的龙凤茶饼。

产于湖北省鄂西一带的荆巴茶饼，湖北长阳和五峰一带的武陵茶，黄冈一带的西阳茶，巴东的巴东真香茶，鄂州一带的武昌茶，宜昌黄牛峡一带的黄牛山茶，枝城一带的荆门山茶、女观山茶、望州山茶。

产于江苏省常州、宜兴一带的晋陵茶，淮安一带的山阳坡茶。

产于安徽省庐江、六安一带的庐江茶。

产于浙江省长兴的温山御荈，永嘉雁荡山一带的永嘉茶。

产于湖南省沅陵、辰溪、溆浦等地的辰州溆浦茶，茶陵一带的茶陵茶。

产于贵州省大方一带的平夷茶。

2. 唐代名茶

据唐代陆羽《茶经》和唐代李肇《唐国史补》等历史资料记载，唐代所产名茶计有下列140余种，大部分都是蒸青团饼茶，少量是散茶。

产于四川省的有：雅州（今四川雅安）一带的蒙顶茶（包括蒙顶研膏茶、蒙顶紫笋、蒙顶压膏露芽和谷芽、蒙顶石花、蒙顶鹰嘴芽白茶、云茶、雷鸣茶等），都江堰一带的青城山茶、味江茶、蝉翼、片甲、麦颗、横牙、雀舌等，眉州（今眉山、峨眉山）一带的峨眉白芽茶（峨眉雪芽）、峨眉茶、五花茶，名山的名山茶、百丈茶，邛崃一带的火番茶、火井茶，绵阳一带的绵州松岭茶、骑火茶，温江一带的栅口茶、彭州石花、仙崖茶，泸州纳溪的纳溪梅岭茶，江油的昌明兽目（昌明茶、兽目茶），安县的神泉小团，汶川的玉垒沙坪茶，大邑的思安茶，剑阁以南地区的九华茶。

产于江西省的有：婺源的先春含膏、婺源方茶，吉安的吉州茶，九江的庐山云雾茶（庐山茶），景德镇的浮梁茶，宜春的界桥茶，南城的麻姑茶，南昌的西山鹤岭茶、西山白露茶。

产于浙江省的有：湖州长兴的顾渚紫笋，余杭的径山茶，建德、淳安的睦州细茶、鸠坑茶，金华、婺州的婺州方茶、举岩茶，东阳的东白茶，鄞县的明州茶，嵊县（嵊州市）的剡溪茶，余姚的瀑布岭仙茗，杭州的灵隐茶、天竺茶，临安的天目茶。

产于今重庆市的有：茶岭茶，巫山巫溪的香山茶，彭水的黔阳都濡茶（都濡高枝），石柱的多棱茶，武隆的白马茶，涪陵的宾化茶、三般茶，开县的龙珠茶，合川的水南茶，巴南的狼猱山茶。

产于湖北省的有：宜昌一带的夷陵茶、小江源（园）茶、方蕊茶、明月茶，当阳的仙人掌茶，蕲春一带的蕲水团薄饼、蕲水团黄、蕲门团黄，黄冈一带的黄冈茶，赤壁、崇阳一带的鄂州团黄，恩施一带的施州方茶，秭归一带的归州白茶（清口茶），松滋的荆州碧涧茶、楠木茶，枝城的峡州碧涧茶，襄阳、南漳的襄州茶。

产于湖南省的有：零陵的零陵竹间茶，沅陵的碣滩茶，龙山灵溪的灵溪芽茶，常德的西山寺炒青，长沙的麓山茶（潭州茶），安化、新化的渠江薄片，衡山的石禀方茶，衡山月团、岳山茶，岳阳的灉湖含膏（岳阳含膏茶）、岳州黄翎毛，溆浦的武陵茶，澧县的澧阳茶，沅陵的泸溪茶，邵阳的邵阳茶。

产于陕西省的有：安康一带的金州芽茶，汉中一带的梁州茶，西乡的西乡月团。

产于河南省的有：光山的光山茶，信阳的义阳茶。

产于安徽省的有：祁门的祁门方茶，黄山各县的新安含膏、牛轭岭茶，歙县的歙州方茶，东至的至德茶，青阳的九华山茶，宣州一带的雅山茶（瑞草魁，鸦山茶、鸭山茶、丫山茶、丫山阳坡横纹茶），舒城的庐州茶，岳西的舒州天柱茶，六安的小岘春、六安茶，霍山、六安一带的霍山天柱茶，霍山的霍山小团、霍山黄芽（寿州黄芽），寿县的寿阳茶。

产于江苏省的有：南京的润州茶，苏州的洞庭山茶，扬州的蜀冈茶，宜兴的阳羡紫笋。

产于贵州省的有：石阡的夷州茶，思南、德江的费州茶，婺川、印江的思州茶，遵义、桐梓的播州生黄茶。

产于福建省的有：建瓯的蜡面茶、建州大团、建州研膏茶（建茶、武夷茶），福州的唐茶、正黄茶、柏岩茶（半岩茶）、方山露芽（方山生芽）。

产于广东省的有：博罗的罗浮茶，韶关的岭南茶、韶州生黄茶，封开的西乡研膏茶，南海的西樵茶。

产于广西壮族自治区的有：灵川的吕仙茶（吕岩茶、刘仙岩茶），象州的象州茶，桂平的西山茶，容县的容州竹茶。

产于云南省西双版纳、思茅一带的银生茶（普洱茶的前身）。

3. 宋代名茶

据《宋史·食货志》、宋徽宗赵佶《大观茶论》、宋代熊蕃《宣和北苑贡茶录》和宋代赵汝砺《北苑别录》等史料记载，宋代名茶有百余种。宋代名茶仍以蒸青团饼茶为主，各种名目翻新的龙凤团茶是宋代贡茶的主体。当时"斗茶"之风盛行，促使各产茶地不断创造出新的名茶，散芽茶种类也不少。

宋代贡茶院南移至建州（今福建省建瓯）北苑，建州生产的北苑贡茶年年花样翻新，但多数都是片茶（即饼茶），为讨好皇室，大多取吉祥如意的名字，因此龙团凤饼之类建茶名目多达几十种。

产于福建省建州的贡茶茶名有：瑞云翔龙、御苑玉芽、万寿龙芽、上品拣芽、上品龙茶、新收拣芽、生拣芽、水拣芽、玉华、龙苑报春、兴国岩拣芽、兴国岩小龙、兴国岩小凤、大团、大龙、大凤、小龙团、小凤团、石乳、白乳、密云龙、无比寿芽、银线水芽、龙团胜雪、试新銙、贡新銙、上林第一、乙液清供、承平雅玩、龙凤英华、龙苑报春、玉除清尝、启沃承恩、玉叶长春、雪英、千金、无疆寿比、兴国岩銙、香口烘銙、南山应瑞、京鋌、云叶、万春银叶、金钱、宜年宝玉、长寿玉圭、蜀葵、太平嘉瑞、琼林毓粹、浴雪呈祥、壑源佳品、肠谷先春、寿岩却胜、延年石乳等。建州生产的茶叶还有壑源茶、曾坑茶、佛岭茶、沙溪茶、洪井茶、青凤髓、清风使、耐重儿、白茶、叶家白、王家白、建安石崖白、武夷茶、火前、社前、雨前、龙茶、玉蝉膏、先春等。其他产于福建省的茶有：福州的福州蜡面茶、福州玉津、方山露芽，漳州的漳州蜡茶，漳浦的古雷茶，建宁的硖山茶，南平的骨子，长汀的玉泉茶，武夷山的延平半岩茶，建瓯的麦颗。

产于江西省的有：南康的焦溪茶（窝坑茶）、云居茶，赣州的泥片，宁都的虔州芥茶，上饶的庆合、运含、禄合、福合、嫩蕊、仙芝（安徽贵池亦有出产），宜春的金片、绿英，樟树的临江玉津茶，宜丰的黄檗茶，高安的紫源茶，高安、宜丰的筠州紫源茶，九江的庐山云雾，婺源的谢源茶，修水的双井白芽（双井鹰爪），南昌的黄龙茶，铅山的双港茶、周山茶、白水团茶、小龙凤团茶，安远的九龙团茶。

产于四川省的有：邛崃的邛州茶、火井茶、火番茶，都江堰市的沙坪茶、味江茶，广元的罗村茶，江油的兽目茶，广汉的赵坡茶，什邡的杨村茶，彭县的石花茶、仙岩茶、堋口茶，温江一带的蝉翼、片甲、雅山茶、雀舌，兴文的纳溪梅岭茶，峨眉山的峨眉白芽，雅安的蒙顶茶、圣扬花，泸州的泸州茶。

产于重庆市的有：狼猱山茶，彭水、黔江的月兔茶、都濡高枝，南川的宾化茶，奉节的夔州真香茶，石柱的多波茶、多棱茶，武隆的白马茶，合川的水南茶，涪陵的涪州三般茶。

产于浙江省的有：余杭的径山茶、雨前茶，杭州的白云茶、香林茶、宝云茶、垂云茶、龙井茶，临安的黄岭山茶，诸暨的石笕岭茶，天台的小溪茶、云雾茶、魏岭茶、紫凝茶，宁海的宁海茶，金华的举岩茶、婺州方茶，黄岩的紫高山茶，临海的白马山茶，临海的廷峰茶，乐清的雁荡茶（龙湫茶），嵊州的细坑茶、焙坑茶、小昆茶、大昆茶、嵊县鹿苑茶、紫岩茶、胡山茶、真如茶、五龙茶，绍兴的丁坑茶、瑞龙茶、卧龙茶、花坞茶、日铸雪芽，萧山的茗山茶，余姚的瀑布仙茗，桐庐的天尊岩茶，建德的乌龙山茶，淳安的鸠坑茶，富阳的西庵茶，长兴的龙坡茶。

产于湖南省的有：小方茶、大方茶、绿芽茶、双上茶，武冈的云山茶，衡山的衡山茶，常德的鼎州芽茶，岳阳的白鹤茶、小卷生、开卷、开胜、小巴陵、大巴陵、黄翎毛、㴩湖含膏，长沙的金茗、片金、岳麓茶、潭州茶末、独行、灵草、杨树、雨前、雨后、石楠茶，衡阳的月团。

产于湖北省的有：当阳的仙人掌茶，巴东的巴东真香，蕲春的蕲水团黄、蕲门团黄，武昌的两府茶、宝山茶、双胜茶、进宝茶，赤壁、崇阳的鄂州团茶，江陵的大拓枕茶、荆州碧涧茶，宜昌的茱萸、明月、碧涧、紫花芽茶，秭归的清口茶（归州白茶）。

产于安徽省的有：六安的龙芽，广德的广德芽茶，歙县的胜金、来泉、华英、早春、先春、紫霞茶、白岳金芽，贵池的池源茶，青阳的闵坑茶，宣城的雅山茶，舒城的龙溪茶，庐州开火新茶，太湖的太湖茶、舒州开火茶，岳西的天柱茶，霍山的霍山黄芽。

产于江苏省的有：苏州的虎丘茶、洞庭山茶、水月茶，扬州的蜀冈茶（禅智寺茶），宜兴的阳羡紫笋。

产于广西壮族自治区的有：上林的都茗茶，北流的容州竹茶，桂林的古县茶，荔浦的修仁茶，灵川的吕仙茶（吕岩茶）、灵川玉津。

产于陕西省的有：西乡的西乡团茶，城固的城固团茶，南郑的西县团茶。

产于河南省的有：光山的浅山薄侧茶、东首，信阳的信阳茶。

产于贵州省的有：务川的高树茶，思南的鹦鹉茶，遵义的生黄茶。

产于云南省的有：思茅、西双版纳的普洱茶，昆明的五果茶。

产于广东省的有：曲江的韶州生黄茶，封开的春紫笋茶、夏紫笋茶，博罗的罗浮茶，南海的西樵山茶，罗定的天子茶，潮阳的凤山茶。

4. 元代和明代名茶

元代名茶有几十种。明代因开始废团茶兴叶茶，所以蒸青团茶虽有，但蒸青和炒青的散叶茶渐多。据顾元庆《茶谱》（1541年）、屠隆《茶笺》（1590年前后）和许次纾《茶疏》（1597年）等记载，明代茶叶有100多种。现将元代与明代的茶叶合列如下。

产于江西省的有：宜春的金片、绿英、界桥茶、云脚茶，赣县的泥片，上饶的指合、庆合、运合、禄合、嫩蕊、仙芝（安徽省贵池亦有出产），吉安的吉安茶、传担山茶，南康的南康茶，永修的南康云居，婺源的四大名家茶，上饶的饶州茶，南昌的香城茶、紫清茶、鹤岭茶、白露茶、白芽，武宁的严阳茶，修水的双井茶，九江的九江茶，庐山钻林茶、庐山云雾茶，贵溪、上饶的广信先春，南丰的枫岭茶，金溪的云林茶，高安、宜丰的瑞州枪旗茶，樟树的临江茶，分宜、萍乡的袁州茶芽，赣州的储茶，宁都的宁都芥茶。

产于福建省的有：福建香茶，建瓯的龙焙、北苑茶、建安贡茶、石崖白、沙溪茶、延平贡茶、南山应瑞，建瓯、南平一带的粗骨、末骨、次骨、骨金、头金，崇安的武夷茶、武夷岩茶、探春、先春、次春、武夷紫笋、延平半岩茶，建宁的建宁次春、建宁先春、建宁探春，寿宁的寿宁茶，南平的南平茶，福州的柏岩茶，闽侯的鼓山半岩茶、方山茶、九峰茶，泉州的清源山茶，长乐的蟹谷茶，福清的灵石茶，福鼎的白琳茶、太姥山茶，宁德的支提茶，南安的英山茶，长汀的玉泉茶，永泰的名山宝茶。

产于浙江省的有：杭州的宝云茶、香林茶、白云茶、龙井茶，长兴的顾渚茶、金字茶，湖州的龙坡山子茶、老庙后茶，金华的举岩茶，淳安的鸠坑茶，开化的大龙茶，龙游的方山茶，建德的严州茶，临海的台州茶，吴兴的温山茶，绍兴的日铸茶、日铸雪芽、卧龙山茶（瑞龙茶）、丁坑茶、花坞茶、高坞茶、小朵茶、雁路茶，乐清的雁荡龙湫茶，嵊州的剡溪茶，上虞的后山茶，桐庐的分水贡芽，诸暨的石笕茶，鄞县区瓯茶（白茶）、灵山茶，永嘉的芽茶，余杭的径山茶，富阳的富春茶，慈溪的范殿师茶，湖州的绿花、紫英、明月峡茶，临安的天目山茶、昌化茶，长兴的罗岕茶，余姚的童家岙茶、瀑布茶，天台的云雾茶、紫凝茶，临海的临海芽茶，东阳的东阳毛尖、东阳芽茶。

产于安徽省的有：黄山的紫霞茶、黄山云雾、黄山茶、牛轭岭茶，宣城的瑞草魁、横纹茶、阳坡茶，青阳的青阳茶、岩地源茶，广德的广德芽茶，郎溪的建平芽茶，六安的六安茶、凤亭茶、小岘春茶、毛尖、雀舌，休宁的松萝茶、闵茶，石台的石埭茶，宁国的高峰茶，歙县大方，舒城的龙溪茶、末号、次号。

产于四川省的有：雅安的蒙顶茶、玉叶长春，都江堰的鸟嘴、麦颗、灌县茶，叙永的永宁茶，江油的绿昌明，邛崃的嫩绿茶、火井思安茶、芽茶、家茶、孟冬、铁甲，丹棱的丹棱茶，泸州的纳溪茶、泸州茶，峨眉的峨眉茶、白毛茶，广安的薄片，平武的骑火茶，北川的石泉茶，乐山的凌云茶，洪雅的洪雅茶，天全的天全乌茶，荥经的太湖茶，大邑的鹤鸣茶、雾中茶，汶川的沙坪茶、茅亭茶。

产于重庆市的有：黔江的黔江茶，彭水的彭水茶、都濡高枝，丰都的丰都茶，开县的开茶，奉节的香山茶，涪陵的宾化茶、白马茶、涪陵茶，武隆的武隆茶，南川的南川茶。

产于湖北省的有：崇阳的崇阳茶，赤壁的蒲圻茶，嘉鱼的嘉鱼茶，宜昌的小江团、碧涧、明月、方蕊、朱英，江陵的南木茶，江陵、松滋的荆州条，武昌的樊山条、草子茶、杨梅茶、雨前茶、雨后茶，阳新的桃花茶，蕲春的蕲茶，当阳的仙人掌茶，建始的建始茶，襄阳的骞林茶，巴东的真香茶，恩施等地的施州茶、施州探春、施州先春、施州次春、施州八香、施州研膏，江陵的大石枕，秭归的清口茶（归州白茶）。

产于湖南省的有：长沙的岳麓茶、金茗、片金、绿芽、灵草、独行、石楠、潭州铁色茶，澧县的小方、大方、双上，岳阳的君山茶、黄翎毛、小开卷、开卷、开胜、小巴陵、大巴陵，溆浦的辰州溆浦，衡山的衡山茶，新化的新化茶，安化的安化茶、安化芽茶、黑茶，宁乡的宁乡茶，益阳的益阳茶，临湘的临湘茶、龙窖山茶，邵阳的邵阳茶、宝庆茶、渠江茶，武冈的武冈州茶，宁远的巖茶，通道的赵茶，大庸的毛坪茶，绥宁的靖州茶，靖州的二凉亭茶，茶陵的茶陵茶，郴州的盖山茶（五盖山茶），慈利的甑山茶。

产于江苏省的有：宜兴的阳羡茶、含膏茶、西山茶、春池茶、洞山茶、青叶、雀舌、罗界茶、壶蜂翅（枪旗），无锡的太湖茶，苏州的天池茶、虎丘茶，连云港的海州茶。

产于上海市的有佘山茶。

产于广东省的有：南海的西樵山茶、毛茶，顺德的古楼茶，化州的琉璃茶，广州的河南茶，惠阳的橘子郎茶，五华的天柱山茶，蕉岭的黄坑茶，兴宁的官田茶，河源的桂山茶，惠州的罗浮茶，深圳的新安茶，曲江的曹溪茶、罗坑茶，英德的贡茶，肇庆的顶湖茶。

产于海南省的有：文昌的文昌茶，琼山的琼山芽茶、琼山叶茶。

产于云南省的有：昆明的太华茶、五华茶，宜良的宝洪茶，保山的金齿茶，昌宁的湾甸茶，大理的感通茶，思茅、西双版纳的普洱茶，楚雄、盈江的孩儿茶，镇雄的芒部茶。

产于陕西省的有：城固的城固茶，西乡的西乡茶，汉中的汉中茶，安康的金州茶，紫阳的紫阳茶，石泉的石泉茶，汉阴的汉阴茶，平利的平利茶。

产于河南省的有：潢川的薄侧茶、浅山茶、东首茶，信阳的信阳茶，罗山的罗山茶。

产于贵州省的有：遵义的播州茶（播州云雾茶），毕节的乌蒙茶，福泉的平越茶，务川、三都的高树茶，三都的云钩茶，贵定的云雾茶，龙里的龙里茶，凯里的清平茶、香炉山云雾茶、莺嘴茶、旁海毛尖，黎平的洞茶，思南的鹦鹉茶。

产于广西壮族自治区的有：临桂的刘岩茶（吕岩茶），兴安的六峒茶，资源的清湘茶，龙胜的龙脊茶，荔浦的修仁茶，桂平的西山茶，横县的白毛茶，上林、武鸣的明山茶。

产于山东省的有：平度的莱州茶，沂源的鲁山茶，蒙阴的云芝茶，莱阳的莱阳茶。

5. 清代和民国时期名茶

清代名茶，有些是明代流传下来的，有些是新创的。在清王朝近300年的历史中，绿茶、黄茶、黑茶、白茶、乌龙茶、红茶都有生产。在这些茶类中有不少品质超群的茶叶品目，逐步发展成为我国至今还继续保留着的传统名茶。

民国时期，茶叶生产虽不景气，但产区茶农与茶商为维持生计，也千方百计地创造新品、提高质量，因此名优茶尚在发展，茶叶名目数量也不少。现将清代与民国时期的名茶合列如下。

产于江西省的有：石城的通天岩茶，遂川的狗牯脑，抚州、临川的竹叶青茶，宁都的江西峁茶，庐山的庐山云雾、钻林茶，婺源的婺源绿茶，赣州的大园储茶，宜黄的观音茶、白毫茶、钩藤茶、仙人茶，修水的双井茶、修水茶（宁红、宁红工夫），新建的邓坑茶、鹤岭茶，德安的云香茶，浮梁的浮梁茶（浮红）。

产于浙江省的有：杭州的龙井茶、九曲红梅，杭州、绍兴一带的珍眉、贡熙，绍兴的强兴芽茶、日铸兰雪茶、日铸茶、平水珠茶、高邬茶、瑞龙茶、玉芝茶，富阳的岩顶，建德的建德苞茶（建德黄芽）、建德芽茶、寿昌芽茶、十二都里洪坑茶、十都绿茶，桐庐的天尊岩茶，余杭的径山茶、伏虎岩茶，临安的天目山茶、南乡黄茶、天目云雾茶、黄脚岭茶，龙游的龙游芽茶，桐乡的石门芽茶，江山的绿牡丹，丽水的丽水芽茶，龙泉的云雾茶（云雾芽茶），景宁的惠明茶，乐清的雁荡山茶（龙湫茶），瑞安、平阳、泰顺的温绿，平阳的温州黄汤，东阳的东阳毛尖，金华的举岩茶、金华贡茶，衢州的茗茶、方山早茶，德清的莫干黄芽，慈溪的慈溪贡茶，天台的小溪茶、魏岭茶、紫凝茶、云雾茶、茅尖茶，鄞县的区茶、灵山茶，鄞县四明山的十二雷茶，宁波镇海的龙角山茶，上虞的隐地茶、勃鸪岩茶、雪水岭茶、覆卮山茶、凤鸣山茶、后山茶，余姚的瀑布岭茶，诸暨的梓乌山茶、柱山茶、五泄山茶、宜家山茶、东白山茶、石笕岭茶，长兴的罗岕片茶、罗岕梗茶、顾渚芽茶，淳安的鸠坑茶、淳安大方，遂绿，嵊县的剡溪茶、嵊县芽茶、泉岗辉白，临海的上云茶、临海芽茶，普陀山的普陀茶，萧山的茗山茶。

产于安徽省的有：休宁、屯溪的屯溪绿茶（屯绿）、珍眉，休宁的松萝茶，舒城的舒城兰花，太平的太平猴魁、尖茶，六安的六安瓜片、六安毛尖，青阳的九华山茶、闵茶，泾县的涌溪火青、石井茶，宣城的敬亭绿雪，祁门的祁门红茶，黄山的黄山毛峰、翠雨茶、紫霞茶，歙县的顶谷大方（老竹大方）、珍眉、贡熙、副熙、熙春、乌龙、蕊眉、针眉、芽雨、蛾眉、凤眉、锚珠、圆珠、宝珠、麻珠、虾目。

产于云南省的有：昆明的太华茶、五华茶，澄江、宜良、呈贡的阳宗茶，大理的感通茶，顺宁的太平茶，思茅、西双版纳的普洱茶、普洱毛尖、普洱芽茶、普洱沱茶、普洱团茶、七子饼茶、人头茶、女儿茶、金月天茶、疙瘩茶、小满茶、谷花茶，普洱的蕊珠茶、竹筒茶、紧茶、普洱方茶、改造茶、紧团茶，永昌的金齿茶，昌宁的湾甸茶，凤庆等地的滇红工夫，镇源的马邓茶，景谷的白龙须茶、秧塔白茶，墨江的米地茶、玉露茶（云针茶）、须立茶、景星茶，景东的安定茶，澜沧的景迈茶，下关的沱茶，宜良的宝洪茶，楚雄的雀舌茶，腾冲的凤眼茶、白毛尖，洱源县的雀嘴茶。

产于四川省的有：叙永的红崖茶（定凤茶），犍为的老人茶，通江的白茶（老荫茶），三台的女儿茶、香露茶，绵竹的白茶、红、黄，崇庆的白茶，丹棱的铁甲茶、大叶茶、花刀茶、锅焙茶、雨前茶，荥经的观音山茶、红、白茶、山门茶、太湖茶，名山的雾钟茶、名山仙茶，雅安的蒙顶茶、上清峰茶、雨前茶、米子、芽白、芽细、花毫、元枝、南路边茶、毛尖、芽子、砖茶、金仓、金玉、金尖，理化的雪茶，峨眉的峨眉白芽（峨蕊），大邑的鹤鸣山茶，成都的雀香茶，灌县（都江堰）的雀舌茶、青城山贡茶、西路边茶（松茶）、茅亭茶、白茶、桌面茶、木鱼茶、板凳茶、引茶、票茶、圆包茶、方包茶，雅安、天全、荥经的康砖茶，邛崃的竹当茶，泸州的泸茶。

产于重庆市的有：重庆沱茶，涪陵的方蒴香茗，奉节的香山茶，南川的毛尖、白毫大庄，巫山、巫溪的夔州茶，开县的开县茶。

产于广东省的有：英德的云雾茶、葫芦茶、浮云山茶、黄岭茶、阿婆嶂岭茶、蓝山茶、朱山茶，仁化的仁化银毫、黄茶，信宜的合罗茶、七根毛茶，花县的陈茶，连山的上帅茶，龙门的化板茶，河源的康和茶、霜茶、河源仙茶，乐昌的乐昌白毛茶、昌茶、果子茶、古老茶，南澳的九节茶，曲江的罗坑茶，海丰的土茶，和平的马增茶，封开的白马茶，普宁的五峰山绿茶，新会的白云茶，清远的笔架茶，丰顺的马图茶，平远的南台茶，梅州的清凉山茶，广宁的清桂茶，潮安的凤凰单丛茶、凤凰水仙、石古坪乌龙茶，饶平的待诏茶、饶平色种、饶平、大埔的西岩茶，广州的担竿山茶、河南茶、黄杨山茶、凤凰山茶、新安茶，中山的神仙茶，化州的琉璃茶，南海的毛茶、西樵山茶、白云茶，博罗的罗浮茶，鹤山的古劳茶（火花香茶），高要的顶湖茶，潮阳的凤山茶，连南的天堂茶、高界茶、大龙茶、黄连茶、板洞茶、中坑茶、白艺茶，怀集的罗勒茶、冷壅茶、白崖茶、石萤茶、多罗茶、岳山茶。

产于福建省的有：南安的石亭豆绿，福州的花茶、天生茶，泉州的香茶，福安坦洋的小种红茶，福安的绿叶白毫茶、福安乌龙茶、坦洋工夫红茶，福安、政和的政和白毫、闽红工夫、烟小种，崇安、光泽的老君眉，建瓯的莲子芯茶、白毫茶、建瓯工夫、水仙茶、建宁府贡茶，福鼎的白琳工夫、太姥山茶（绿雪芽、绿头春），宁德的支提茶，政和、松溪的白毫银针、寿眉、白牡丹，政和、福鼎的白毛猴（白毛莲芯），闽侯的鼓山半岩茶，沙县的乌龙茶，莆田的郑宅茶，安溪的闽南乌龙、安溪铁观音，永春的水仙，南平的棕毛茶，崇安的洞宾茶、吕仙茶、武夷岩茶、武夷洲茶、工夫红茶、小种红茶、武夷肉桂、武夷水仙、武夷奇种、武夷白毫、武夷乌龙、大红袍、武夷松萝、雀舌、紫毫茶、莲芯茶、武夷茶，浦城的小种茶。

产于江苏省的有：苏州的碧螺春（吓煞人香）、天池茶、吃摘小春茶、虎丘茶，连云港的云台山茶（云台云雾茶），宜兴与浙江长兴的罗岕茶（洞岕），宜兴的阳羡茶，丹徒的云雾茶。

产于上海市的有：松江的佘山茶。

产于广西壮族自治区的有：灵川的刘岩茶（吕岩茶），平乐的糯淅茶、石芽茶、金山茶、河口茶、四山冲茶、大扒茶，灌阳、武宣的瑶茶，桂平的浔江茶，兴安的六峒茶，全州的清茶，龙胜的龙脊茶，桂平的西山茶、三岩山茶、石田茶、中和茶，苍梧的六堡茶、虾斗茶，横县的南山白毛茶，北流的六屏大山茶、都隆冻水茶、古帑窖山茶，平政的白塘茶、六麻上岑茶，武宣的古琶茶、庙王茶，贵县的龙山茶，桂平、宣武的紫荆茶，凤山、凌云的白毛茶，宜北的蓝靛茶、金钩茶、香茶，罗城的三防茶、黄金茶，贺县的仙人茶，钟山的雷电仙茶。

产于陕西省的有：紫阳的紫阳毛尖、紫阳芽茶，泾阳的泾阳茯砖茶，南郑的南郑茶，石泉的石泉茶，西乡的西乡茶，安康的安康茶，白河的家园茶。

产于河南省的有：信阳的信阳毛尖茶，叶县的叶县茶，商城的商城茶，固始的固始茶，光州的光州茶，罗山的罗山茶，确山的乐安茶。

产于山东省的有：莱阳的莱阳茶，蒙阴的云芝茶。

产于海南省的有：琼山的琼州澄茶，琼中的五指山茶，万宁的蒲乌茶、鹧鸪茶、苦橙茶、万州松萝茶，定安的龟岭茶、水满洞茶、思河岭茶、南间岭茶，琼山的灵茶（江南黄连茶）。

产于湖北省的有：五峰、鹤峰的宜红工夫，恩施的恩施玉露，远安的鹿苑茶、鸣凤茶，武昌的芽茶，汉口的米砖（红砖茶），崇阳和湖南临湘的帽盒茶，赤壁的青砖茶、小京砖茶、蒲圻黑茶、峒茶、羊楼峒茶，利川的乌东茶，咸丰的火前茶，宜昌的峡州茶、春华红茶、银芽红茶，竹溪的家园茶，丹江口的太和茶，郧县的香桃茶，大冶的白锥山烟雨，咸宁等地的湖北红茶，咸宁的青茶，来凤的仙峒茶、云岩茶，鹤峰的容美茶，当阳的仙人掌茶，黄梅的紫云茶，蕲春的灵虬山茶、蕲州云雾茶，汉阳的汉阳茶，崇阳的白毛尖、龙泉茶、观音茶，阳新的桃花茶、凤髓茶。

产于湖南省的有：岳州的白鹤茶，岳阳的君山银针、君山毛尖、北港毛尖、白鹤翎（白毛尖），临湘的龙窖山茶，平江、浏阳等地的湖红工夫，安化的安化红茶、芽茶、天尖茶、茯砖茶、花卷茶（千两茶）、黑砖茶，岳阳、安化的贡茶，益阳的贡茶，宁乡的贡茶、沩山毛尖，源陵的界亭茶、碣滩茶、官庄毛尖，古丈的古丈毛尖，石门的牛觚茶，邵阳的宝庆贡茶，长沙的石楠，宁远的嶷茶，衡山的钻林茶，江华的毛尖，郴州的盖山茶（五盖山米茶）。

产于贵州省的有：湄潭的眉尖茶，开阳的南贡茶，婺川的高树茶（都濡高枝），思南的晏茶，贵定的云雾茶，龙里的龙里茶，都匀的毛尖，凯里的莺嘴茶、香炉山云雾茶，遵义的金鼎云雾茶，石阡的坪山茶，普定的朵贝茶，大方的海宫茶、果瓦茶，纳雍的姑青茶，织金的平桥茶，金沙的清池茶，黄平的回龙茶，独山的高寨茶，贞丰的坡柳茶、姑娘茶，镇远的羊场茶，从江的滚郎茶。

此外，还有产于各产茶省区的香片（花茶）、茶莉花茶、珠兰花茶、炒青、烘青。

三、中国现代名茶

中国现代经济高速发展，人民生活水平不断提高，消费者对名优茶的需求量日益增长，各产茶地区也十分重视名优茶的开发与生产。如今，中国茶类之齐全、名优茶品种之多，为世界之最。据不完全统计，中国现代名优茶有1 500种之多，可谓千姿百态、品质各异。

1. 中国现代名茶概况

中国现代名茶，根据其历史分析，可归纳为下列三类。

（1）传统名茶。传统名茶主要是指历史名茶，基本保持原有的制茶工艺与品质风格。此类名茶有西湖龙井、洞庭碧螺春、黄山毛峰、太平猴魁、庐山云雾、恩施玉露、信阳毛尖、六安瓜片、屯溪珍眉、老竹大方、桂平西山茶、白毫银针、白牡丹、君山银针、安溪铁观音、凤凰水仙、闽北水仙、武夷岩茶、河红、祁门红茶、云南普洱茶、苍梧六堡茶等。

（2）恢复性历史名茶。恢复性历史名茶主要是指历史上曾有过的，后来未能持续生产或工艺失传的，经过研究创新可恢复的名茶，然而经恢复的历史名茶中有些已不是原来的制茶工艺与品质风格了。此类名茶有：休宁松萝、涌溪火青、敬亭绿雪、九华毛峰、龟山岩绿、蒙顶甘露、仙人掌茶、天池茗毫、贵定云雾、青城雪芽、阳羡雪芽、顾渚紫笋、径山茶、雁荡毛峰、日铸雪芽、金奖惠明、金华举岩、东阳东白、蒙顶黄芽、鹿苑毛尖、霍山黄芽等。

（3）新创名茶。新创名茶主要是指近几十年新创制的名茶。此类名茶有：婺源茗眉、南京雨花茶、无锡毫茶、茅山青峰、天柱剑毫、岳西翠兰、齐山翠眉、望府银毫、临海蟠毫、千岛玉叶、都匀毛尖、高桥银峰、金水翠峰、永川秀芽、上饶白眉、湄江翠片、安化松针、遵义毛峰、文君绿茶、峨眉毛峰、雪芽、雪青、仙台大白、秦巴雾毫、汉水银梭、八仙云雾、南糯白毫、午子仙毫、黄金桂、早白尖红茶等。

近年来，全国各茶区十分重视名茶的开发研究，新创名茶层出不穷，加之全国各地出现各种名茶评比活动，如评比会、斗茶会、展评会、博览会、拍卖会等，更促进了名茶生产的发展。

2. 浙皖苏名茶

（1）浙江省名茶。浙江省地处我国东南沿海，产茶历史悠久。相传道教天师葛玄（164—244年）便在天台山种茶。近年在浙江省余姚市田螺山遗址中发现了6 000年前栽种的茶树根，进一步证明了浙江产茶历史的悠久。

浙江省是绿茶产茶大省，名茶有数十种，如西湖龙井、安吉白茶、径山茶、金奖惠明、松阳银猴、开化龙顶、千岛玉叶、诸暨绿剑、大佛龙井、越州龙井、武阳春雨、顾渚紫笋、望海茶、临海蟠毫、磐安云峰、龙泉金观音、九曲红梅仙茗等。

除了上述名茶以外，浙江省名茶还有：江山的绿牡丹、桐庐的雪水云绿、乐清的雁荡毛峰、泰顺的三杯香、永嘉的乌牛早、临海的羊岩勾青、普陀的普陀佛茶、嵊州的泉岗辉白、临安的天目青顶、遂昌的龙谷丽人、仙居的仙居碧绿、平阳的平阳早香茶、苍南的苍南翠龙茶、绍兴的日铸茶等。

（2）安徽省名茶。安徽省产茶历史悠久，秦汉时由四川、河南传入，两晋时产茶已兴盛，唐代时寿州、舒州、宜州、池州、歙州产茶。

安徽省现代名茶众多，以绿茶为主，也有红茶，如黄山毛峰、太平猴魁、六安瓜片、祁门红茶、敬亭绿雪、黄山绿牡丹、霍山黄芽、舒城兰花等。

除了上述名茶以外，安徽省名茶还有：泾县的涌溪火青、宁国的黄花云尖、岳西的岳西翠兰、潜山的天柱剑毫、太湖的天华谷尖、金寨的金寨翠眉、东至的东至云尖、六安的华山银毫、贵池的贵池翠微、宿松的柳溪玉叶、铜陵的野雀舌、休宁的松萝茶、歙县的老竹大方、黟县的黟山雀舌、歙县的珠兰花茶、青阳的九华毛峰、宣郎广的瑞草魁、桐城的桐城小花、芜湖的九山翠剑、石台的蓬莱仙茗、潜山的天柱云雾、霍山的黄大茶、庐江的潜川雪峰、含山的昭关银须等。

（3）江苏省名茶。江苏省产茶历史悠久，南北朝时晋陵（今常州）已出好茶，唐代阳羡（今宜兴）出贡茶。江苏名茶主要是绿茶，也有红茶，现代代表性的名茶有：碧螺春、南京雨花、无锡毫茶、太湖翠竹、阳羡雪芽、南山寿眉、天目湖白茶、芥茶等。

除了上述名茶以外，江苏省名茶还有：金坛的金坛雀舌、茅山青锋、镇江的金山翠芽、扬州的绿杨春芽、宜兴的善卷春月、溧阳的翠柏茶、句容的茅山长青、镇江的三山香茗、连云港的云雾茶、宜兴的阳羡红等。

3. 湘、鄂、赣名茶

（1）湖南省名茶。湖南省产茶历史悠久，汉代就有茶陵县（因产茶多而得名），西晋时武陵七县均出好茶，唐代湖南有九个州郡（相当于现今40多个县）产茶。现代湖南名茶包括绿茶、黑茶、黄茶、花茶等，主要名茶有君山银针、安化黑茶、益阳茯砖茶、高桥银峰、古丈毛尖、保靖黄金茶、野针王、狗脑贡茶、猴王牌茉莉花茶。

除了上述名茶以外，湖南省名茶还有：长沙的金井毛尖、湘阴的兰岭毛尖、安化的安化松针、石门的东山秀峰和石门银峰、衡山的南出云雾、沅陵的碣滩茶、岳阳的洞庭春芽、桂东的玲珑茶、永兴的龙华春毫、汝城的汝白银针、郴州的南岭岚峰、安仁的安仁豪峰、宁乡的沩山毛尖、江永的回峰茶、常宁的塔山山岚茶、炎陵的神农剑茶、双峰的双峰碧玉、桑植的桑植元帅茶、江华的江华毛尖等。

（2）湖北省名茶。湖北省产茶历史悠久，西晋时长阳、五峰一带已产好茶，唐代当阳、宜昌、秭归生产贡茶。现代湖北所产名茶以绿茶为主，主要有：采花毛尖、恩施玉露、峡州碧峰、邓村绿茶、仙人掌茶、圣水毛尖、金水翠峰、大悟寿眉、宜红工夫等。

除了上述名茶以外，湖北省名茶还有：英山的英山云雾、武汉的黄鹤楼茶、神农架的神农奇峰、武当山的武当道茶、竹溪的龙峰茶、鹤峰的鹤峰茶、竹溪的梅子贡茶、保康的真香茶、孝感的沪川龙剑、五峰的虎狮龙芽、松滋的碧涧茶、随州的车云山毛尖、麻城的龟山岩绿、大悟的大悟毛尖、青梅的挪园青峰、远安的远安鹿苑、英山的天堂云雾、咸宁的鄂南剑春、利川的雾洞绿峰、鹤峰的容美茶、竹溪的竹溪龙峰、丹江口的武当针井、襄樊的隆中白毫、兴山的昭君毛尖、钟祥的娘娘寨云雾、秭归的秭归屈峰等。

（3）江西省名茶。江西省产茶历史悠久，东汉时庐山就有寺僧种茶，唐代婺源产茶已较多，唐宋时浮梁茶叶贸易已兴旺。江西现代名优茶包括绿茶与红茶，有婺源茗眉、庐山云雾、大鄣山云雾茶、上饶白眉、浮瑶仙芝、狗牯脑茶、井冈银针、小布岩茶、双井绿、宁红金毫等。

除了上述名茶以外，江西省名茶还有：婺源的林生茶、灵岩剑峰茶、婺源墨菊、南昌的梁渡银针、宜丰的黄檗茶、南城的麻姑茶、上犹的梅岭毛尖、婺源的梨园茶、永修的攒林云尖、丰城的周打铁茶、上饶的仙台大白、石城的通天岩茶、南昌的前岭银毫等。

4. 云、贵、川、渝名茶

（1）云南省名茶。云南省是重要的茶树原产地，产茶历史悠久，原始的晒青是较早的茶叶生产方法，以此发展起来制成晒青毛茶、普洱茶、红茶等多种茶类。云南省现代名茶包括普洱茶、绿茶和红茶，主要名茶有：普洱茶、滇红、宝洪茶、南糯白毫、版纳曲茗等。

除了上述名茶以外，云南省名茶还有：墨江的墨江云针、景谷的景谷大白茶、勐海的佛香版纳曲茶、大理的感通茶、昆明的十里香茶、勐海的竹筒香茶、大关的翠华茶、凤庆的早春绿、绿春的玛玉茶、镇沅的马邓茶、大理的苍山雪绿、牟定的化佛茶、峨山的银毫、大理的云龙绿茶、保山的白洋曲毫、普洱的徐剑毫峰等。

（2）贵州省名茶。贵州省产茶历史悠久，在贵州省考古发现了一颗茶籽化石，贵州省境内也有不少野生大茶树，因此贵州也是茶树原产地之一。贵州气候温湿，很适宜茶树生长，但主要是绿茶，主要名茶有都匀毛尖、湄潭翠芽、绿宝石、梵净翠峰、瀑布毛峰等。

除了上述名茶以外，贵州省名茶还有：湄潭的遵义毛峰、湄江翠片和遵义红、贵阳的羊艾毛峰、贵定的贵定雪芽和云雾茶、晴隆的贵隆银芽、道真的仡佬玉翠、瓮安的青山翠芽、安顺的山京翠芽、丹寨的龙泉毛尖、雷山的银球茶、黎平的古钱茶、贞丰的坡柳茶、毕节的乌蒙毛峰、岑巩的思州银钩、余庆的狮山碧针等。

（3）四川省名茶。四川省产茶历史悠久，商末周初的古巴蜀已种茶，且有贡茶；晋时饮茶之风兴起；唐代茶产区扩大，已有不少名茶产生。现代四川省名茶包括绿茶、红茶、黑茶、花茶多种，主要有：峨眉竹叶青、叙府龙芽、蒙顶甘露、花秋御竹、文君绿茶、青城雪芽、蒙顶黄芽、龙都香茗、川红工夫、雅安藏茶等。

除上述名茶以外，四川省名茶还有：峨眉山的仙芝竹尖、叙永的红岩迎春、通江的天岗银芽、邛崃的鹤林仙茗、北川的神禹苔茶、江油的匡山翠绿、邛崃的崃山雨露、都江堰的青城贡茶、广安的广安松针、南江的云顶绿茶、乐山的沫若香茗、纳溪的凤羽茶等。

（4）重庆市名茶。重庆市产茶历史悠久，巴山峡川很早就有大茶树，巴国在商末周初就生产茶叶并有贡茶。重庆市现代名茶包括绿茶、红茶与花茶，主要有：永川秀芽、巴南银针、鸡鸣茶、香山贡茶、巴山银芽、金佛玉翠、南川红碎茶等。

除了上述名茶以外，重庆市名茶还有：万盛的滴翠剑茗和景星碧绿、永川的银峰茶和翠毫香茗、荣昌的天岗玉叶、万州的太白银针、北碚的缙云毛峰、万源的巴山雀舌、江津的龙佛仙岩、渝州的碧螺春、巴南的江洲茗毫、开县的龙珠茶、奉节的夔州真茗等。

5.闽、粤、桂、琼、台名茶

（1）福建省名茶。福建省产茶历史悠久，南朝时武夷山已产珍木灵芽。唐代福州、建州等地盛产名茶，方山露芽、腊面茶等就已出名。福建省现代名茶包括乌龙茶、绿茶、红茶、花茶等多种，主要有：铁观音、武夷岩茶、大红袍、永春佛手、白芽奇兰、黄金桂、白牡丹、白毫银针、福州茉莉花茶、坦洋工夫、小种红茶、金骏眉、漳平水仙、武夷肉桂、闽北水仙等。

除了上述名茶以外，福建省名茶还有：诏安的八仙茶、南安的石亭绿、宁德的天山绿茶、武夷山的龙须茶、政和的白毛猴和政和工夫、罗源的七境堂绿茶、福安的福建雪芽和坦洋金猴、福鼎的白琳工夫和太姥绿雪芽、福州的方山玉露等。

（2）广东省名茶。广东省产茶历史悠久，早在东汉时就有山茶、皋芦茶的记载，南朝时有僧人在茶山镇沿山种茶。唐代岭南茶产自韶州，其味极佳。广东省现代名茶包括红茶、乌龙茶和绿茶多种，主要有：凤凰单丛、英德红茶、乐昌白毛茶、岭头单枞、石古坪乌龙、玫瑰花茶、荔枝红茶等。

除了上述名茶以外，广东省名茶还有：仁化的仁化银毫、梅县的清凉山茶、鹤山的古劳茶、兴宁的大叶奇兰、大埔的西岩乌龙茶、信宜的合箩茶、徐闻县的雷州海鸥大叶绿茶、罗定的连州茶、广东红碎茶、广北银针茶、饶平岩香茶等。

（3）广西壮族自治区名茶。广西壮族自治区产茶历史悠久，清代桂平西山茶、南山白毛茶、六堡茶就已出名。广西壮族自治区名茶包括绿茶、黑茶、花茶等，主要有：桂平西山茶、桂林毛尖、横县茉莉花茶、六堡茶、南山白毛茶、桂花茶。

除了上述名茶以外，广西壮族自治区名茶还有：凌云的白毛茶，昭平的凝香翠茗、桂江碧玉春，柳城的伏桥绿雪，桂林的三青茶、漓江银针、桂江白茶，贵港的覃塘毛尖茶，百色的红碎茶，贺县的开山白毛茶，金秀的白牛茶等。

（4）海南省名茶。海南省产茶历史悠久，明代时五指山已有人利用野生茶制作名茶。现代海南省种植云南大叶种和海南大叶种茶树居多，主要名茶有：海南红茶、白沙绿茶、金鼎翠毫、香兰绿茶等。

（5）台湾地区名茶。台湾地区产茶有200多年的历史，最早从福建引种种植，后来也从印度引种。台湾地区名茶以乌龙茶为主，也有红茶，主要有：冻顶乌龙、文山包种、白毫乌龙、阿里山金萱茶、木栅铁观音、日月红茶等。

台湾地区主产乌龙茶，近年来注重高山乌龙茶的开发。高山乌龙茶的产地除阿里山、冻顶山之外，还有玉山、庐山、梨山、竹山等。

6. 豫、陕、鲁及其他省区名茶

（1）河南省名茶。河南省产茶历史悠久，唐代光山、义阳已产茶，且有贡茶。河南省现代名茶主要是绿茶，近年出现的信阳红打破了河南省不产红茶的历史，主要名茶有：信阳毛尖、信阳红、赛山玉莲、仰天雪绿、金刚碧绿、太白银毫等。

除了上述名茶以外，河南省名茶还有：新县的龙眼玉叶、罗山的灵山剑峰、潢川的云芽翠毫、新县的香山翠峰、泌阳的白云毛峰、光山的杏山竹叶青、南召玉兰红茶、桐柏的清淮绿梭和水濂玉叶等。

（2）陕西省名茶。陕西省产茶历史悠久，巴国时期陕南就种茶，并有贡茶。唐代陕南的金州（今安康）、梁州（今汉中）已盛产茶叶。陕西省名茶主要是绿茶，主要有：汉中仙毫、紫阳毛尖、秦岭泉茗、秦巴雾毫、汉水银梭、宁强雀舌、泾阳茯砖茶等。

除上述名茶以外，陕西省名茶还有：平利的女娲银峰，安康的安康银峰，岚皋的巴山碧螺、巴山芙蓉，城固的城固银毫，勉县的定军茗眉，平利的三里垭毛尖等。

（3）山东省名茶。山东省历史上基本不产茶，1958年南茶北引获得成功后，方开始大面积种植茶树。山东省名茶主要是绿茶，主要有：浮来青、日照雪青、崂山茗茶、沂蒙玉芽、海青峰茶、茗家春茶等。

除上述名茶以外，山东省名茶还有：青岛的东海龙须、日照的碧绿茶、莒南的松针茶等。

（4）其他省区名茶

1）上海市：佘山兰茶。

2）西藏自治区：珠峰圣茶。

3）甘肃省：碧口龙井。

4）河北省：太行龙井。

5）内蒙古自治区：蒙古绿茶。

第五节　茶叶品质鉴别知识

中国茶叶品质的鉴别检测，目前有仪器检测和感官审评两种方法。

一、仪器检测

仪器检测是指通过专业的仪器进行检测的一种方法，具体可分为试剂法和仪器检测法。

1. 试剂法

试剂法是较为普通的检测方法，是检测茶叶中成分含量多少的一种方法。按照国家相关标准的要求操作，在冲泡好的茶汤中加入适量的试剂进行实验分析，得出茶叶成分含量的数据，进而得知茶叶的品质优劣。

国家标准包括《茶　咖啡碱测定》（GB/T 8312）、《茶　粗纤维测定》（GB/T 8310）、《茶　水浸出物测定》（GB/T 8305）、《茶　游离氨基酸总量的测定》（GB/T 8314）、《茶叶中茶氨酸的测定　高效液相色谱法》（GB/T 23193）、《茶叶中茶多酚和儿茶素类含量的检测方法》（GB/T 8313）等。

2. 仪器检测法

仪器检测法是指采用检测仪器进行茶叶品质的鉴定，能很好地满足茶叶及食品中农药残留量、稀土和重金属含量等检测的需求。

二、感官审评

感官审评是根据视觉、嗅觉、味觉和触觉感受，使用规定的评茶术语，对茶叶的形态、嫩度、色泽、香气、滋味等感官特性进行评定，评出茶叶质量的优劣。

1. 审评环境

感官审评对审评场所及环境的要求比较高，要求光线明亮柔和，通常采用自然光或标准合成光源。室内清洁、干燥，空气新鲜流通，无异味。室内安静，无噪声。

干、湿审评台有一定要求。干评审台用于审评茶叶的外形和干茶色泽，台面为黑色亚光，台高80~90厘米，宽60~75厘米。湿评审台用于审评茶叶的内质，台面为白色亚光，台高75~80厘米，宽45~50厘米。审评台长度视实际需要而定。

2. 审评器具

感官审评有专用的器具，包括审评样盘、审评杯、审评碗、叶底盘、样茶秤、网匙、茶匙、汤杯、烧水壶、吐茶桶、计时器、茶巾等。常用的审评杯为有盖白色瓷质，高65毫米，外径66毫米，内径62毫米，容量150毫升，在杯柄对面的杯口上有锯齿形缺口，使倒茶时易于滤出茶汤。审评碗是无盖白色瓷质，高55毫米，上口外径95毫米，内径92毫米，容量150毫升。

3. 评审用水

评审用水的理化指标及卫生指标应符合《生活饮用水卫生标准》（GB 5749）的规定。同一批茶叶审评用水水质应一致。泡茶时水温为沸水。

4. 评茶方法

（1）五项因子评茶法。五项因子评茶法是我国传统的感官审评方法，即将审评内容分为外形、汤色、香气、滋味和叶底五部分，经干、湿评后得出结论。

（2）八项因子评茶法。八项因子评茶法是指审评茶叶时，分内质和外形两方面进行审评。内质评香气、滋味、汤色和叶底，以香气和滋味为主；外形评形状、色泽、匀度和净度，以形状为主。

第六节　茶叶储存方法

一、茶叶变质因素

茶叶是疏松多孔的干燥物质，储存不当很容易发生不良变化，如变质、变味、陈化等。造成茶叶变质、变味、陈化的主要因素有温度、水分、氧气、光线和异味。因此，不让茶叶受到温度、水分、氧气、光线及异味的伤害，是保存茶叶的首要工作。

1. 温度

温度越高，茶叶品质变化越快。平均每升高 10 ℃，茶叶色泽的褐变速度将增加 3～5 倍。如果把茶叶储存在 0 ℃ 以下的地方，能较好地抑制茶叶的陈化和品质的损失。

2. 水分

茶叶的水分含量在 3% 左右时，茶叶成分与水分子为单层分子关系，可以较有效地把脂质与空气中的氧分子隔离开来，阻止脂质的氧化变质。当茶叶的水分含量大于 6% 时，水分就会转变成溶剂并引起激烈的化学反应，加速茶叶的变质。

3. 氧气

茶中多酚类化合物的氧化、维生素 C 的氧化以及茶黄素、茶红素的氧化聚合都和氧气有关，这些氧化作用会产生陈味物质，严重破坏茶叶的品质。

4. 光线

光线的照射可加速各种化学反应，对储存茶叶极为不利。光能促进植物色素或脂质的氧化，特别是叶绿素易受光的照射而褪色，其中紫外线的作用最为显著。

5. 异味

茶叶的吸附性特别强，不适宜放在气味浓烈的环境下储存，以免导致茶叶产生异味、杂味。

二、茶叶储存方法

1. 古法储存法

古法储存法主要是使用生石灰块。一般用铁质或铝质的饼干盒储存茶叶，将生石灰块用布袋包起来，放在饼干盒底，然后在上面铺一层布，茶叶则用白纸包起来，放在生石灰块上，最后盖上盖子就可以了。在储存过程中，最好是一年之后再启封，如果保存的数量较多，半年之后需要打开重新更换一批新的生石灰块。

另外，如果使用茶叶储藏库储存茶叶，应在储藏库内的空处，放上盛有生石灰或木炭的容器，每隔一段时间检查生石灰是否潮解，如生石灰潮解，应立即换掉。储藏库内保持干燥，有利于茶叶的储存。

2. 器物储存法

（1）罐装法。罐装法使用的罐子按材质分为铁罐、纸罐、瓷罐、陶罐、锡罐、玻璃罐等。罐装法在人们生活中较为普遍，采用罐子储存茶叶时应考虑防潮、防光和防异味，一般会在罐子底部放置两层棉纸、罐口放置两层棉纸，再盖紧盖子。如果罐装茶叶暂时不饮，可用透明胶纸或者专用夹子封口，以免潮湿空气进入罐内。

（2）热水瓶储存法。使用热水瓶储存茶叶时，首先应保持热水瓶的干燥，然后将拆封的茶叶倒入瓶内，最好能装满瓶子，不留空隙，最后用软木塞子塞紧后存放。

（3）食品袋储存法。使用食品袋储存茶叶时，茶叶最好少量购买或以小包装存放，减少打开包装的次数，避免接触空气。这样既能保质，又方便冲泡。装入茶叶后，要抽真空，便于保持茶叶的品质。

3.温度储存法

（1）冷藏法。采用冰箱冷藏的方式进行储存时，最好能准备一台专门储存茶叶的小型冰箱，设定温度在 -5 ℃以下，将茶叶封装好，放入冰箱内。将茶叶储存在冰箱的冷冻层也可以，但不能再储存其他的东西，特别要注意的是防止冰箱中的其他异味、杂味污染茶叶。

（2）恒温恒湿法。传统的茶叶储存方法可以达到防范潮湿的目的，但这种方法速度较慢，所以现在需要长期存放的茶叶一般采用恒温恒湿法进行保存。

恒温恒湿法是指采用专门的茶叶发酵型恒温恒湿机进行储存，可以通过升温、降温、加湿、除湿，实现室内温度和湿度的恒定。温度一般可控制在 18～40 ℃，湿度可控制在 40%～99%。

现在有些茶企业根据自然环境的不同，会设置专门的茶库，或专门储存茶叶的大型茶仓。

第七节　茶叶产销概况

中国是茶树的发源地，是世界上最早发现茶、种植茶、饮用茶的国家。当今，世界上有 60 多个国家种植茶叶，160 多个国家和地区有饮茶习惯，有 30 多亿人钟情于饮茶。

从全球茶区的地理分布来看，如今茶树种植区域已遍布世界五大洲，跨越热带、亚热带和温带地区。根据世界茶树种植分布情况，结合气候、生态、地理等条件，可将全世界划分为六大茶区。

东北亚茶区：中国、日本、韩国等。

南亚茶区：印度、斯里兰卡、孟加拉国、巴基斯坦、尼泊尔等。

东南亚茶区：印度尼西亚、越南、缅甸、马来西亚、泰国、柬埔寨、老挝等。

西亚茶区：格鲁吉亚、阿塞拜疆、土耳其、伊朗等。此外，土耳其虽然是横跨欧亚两洲的国家，但其茶区主要分布在北部属亚热带地中海式气候的里泽地区，故属西亚茶区。

非洲茶区：肯尼亚、马拉维、布隆迪、坦桑尼亚、毛里塔尼亚、赞比亚、莫桑比克、卢旺达、马里、几内亚等。

南美茶区：阿根廷、巴西等。

此外，横跨欧亚两大洲的俄罗斯、东欧的乌克兰等国，以及大洋洲的巴布亚新几内亚、澳大利亚、新西兰、斐济等国也有少许茶园，这里不再单独列出。

一、世界茶叶产销概况

茶叶产销区域分为茶叶的产区和茶叶的销区。茶叶的产区是指茶树生长和茶叶制作的区域。茶叶的销区是指茶叶销售的区域，分为自销（茶区销售）和外销两种，其中外销又分为内销（国内）和外销（出口）。

截至2018年，全世界五大洲都产茶，产茶国有60多个。

1. 世界产茶国家

（1）亚洲。亚洲分别是中国、印度、斯里兰卡、孟加拉国、印度尼西亚、日本、土耳其、伊朗、马来西亚、越南、老挝、柬埔寨、泰国、缅甸、巴基斯坦、尼泊尔、菲律宾、韩国、阿富汗、朝鲜、阿塞拜疆和格鲁吉亚。

（2）非洲。非洲分别是肯尼亚、喀麦隆、布隆迪、南非、埃塞俄比亚、马里、几内亚、摩洛哥、阿尔及利亚、津巴布韦、留尼汪岛、埃及、马拉维、乌干达、莫桑比克、坦桑尼亚、刚果、毛里求斯、卢旺达、布基纳法索。

（3）美洲。美洲分别是阿根廷、巴西、秘鲁、墨西哥、玻利维亚、哥伦比亚、危地马拉、厄瓜多尔、巴拉圭、圭亚那、牙买加和美国。

（4）大洋洲。大洋洲分别是巴布亚新几内亚、斐济、澳大利亚和新西兰。

（5）欧洲。欧洲分别是葡萄牙、俄罗斯、乌克兰、意大利和英国。

2. 世界茶叶产量

随着全球对茶叶需求量的日益增大和茶业科技的不断进步，世界茶产业不断发展壮大。据国际茶委会（ITC）统计数据显示，2018年，世界茶叶总面积约488万公顷，茶叶产量约589.7万吨，较2017年增加3.5%。

2018年，世界茶叶产量位居前十的国家分别是：中国是全球第一大产茶国，茶叶产量为261.6万吨；印度茶叶产量为133.9万吨；肯尼亚茶叶产量为49.3万吨；斯里兰卡茶叶产量为30.4万吨；土耳其茶叶产量为25.2万吨；越南茶叶产量为16.3万吨；印度尼西亚茶叶产量为13.1万吨；孟加拉国茶叶产量为8.2万吨；日本茶叶产量为8.2万吨；阿根廷茶叶产量为8.0万吨。

3. 世界茶叶销量

据国际茶委会统计数据显示，2018年，红茶仍为世界首要茶类，销量约占世界茶叶总产量一半以上。另外，销量较多的国家分别是中国、印度、土耳其、巴基斯坦、俄罗斯、美国、英国、日本、印度尼西亚、埃及等。

二、中国茶叶概况

中国的茶叶生产对世界茶叶生产影响巨大。国际茶委会数据显示，2018年中国茶叶种植面积303万公顷，占全球62.56%；茶叶产量261.6万吨，占世界茶叶总产量的44.4%；出口量36.5万吨，占世界茶叶出口总量的19.7%；消费量211.9万吨，占世界茶叶消费总量的38.1%。中国茶叶种植面积、茶叶产量和消费量均为世界第一，茶叶出口量排名第二。

三、其他主产国茶叶概况

1. 印度

印度茶叶生产发展始于19世纪30年代。1839年，印度成立了专门从事茶叶生产的阿萨姆有限公司，茶叶生产进入发展阶段。到19世纪中期，印度茶园面积不断扩大。到21世纪初，印度茶叶产量递增速度大大超过茶树种植面积的递增速度。

印度茶区广阔，著名的茶区有阿萨姆茶区、大吉岭茶区、杜阿尔斯茶区、尼尔吉里茶区、特拉伊茶区、特拉万科茶区等。

印度茶叶以红茶为主，红茶产量占全国总产量的98%。红茶中又以红碎茶为主，条形工夫红茶只在大吉岭茶区有少量生产。此外，印度还生产少量蒸青绿茶，产量仅占印度茶叶生产总量的1%，生产区域集中在南印度。从20世纪60年代开始，印度还生产少量速溶茶等。

2. 肯尼亚

肯尼亚位于非洲东北部。种茶历史不长，始于1903年，由英国人凯纳从印度引种而成。在以后的100多年时间里，肯尼亚现已发展成为世界产茶大国。

肯尼亚地处赤道，多山地，年平均气温约为21℃，全国年降水量为1 500~2 500毫米，酸性火山灰壤土，非常适宜种茶。肯尼亚著名的茶产地主要分布在大裂谷的东缘和西缘。如今，茶产业已成为肯尼亚人民赖以生存的主要产业，茶叶也是肯尼亚第一大出口创汇农产品。肯尼亚以生产红碎茶为主。这里生产的红碎茶，具有汤色红艳、滋味浓醇、香气芬芳的特点，名冠世界。肯尼亚生产的茶叶多数用来出口到欧洲、美洲各国，以及阿拉伯等国家。

3. 斯里兰卡

斯里兰卡位于南亚次大陆南端印度洋上，是一个热带岛国，茶叶是斯里兰卡的主要农作物。斯里兰卡试种茶树较早，但直到1867年种植的咖啡遭受叶锈病毁灭性打击后，茶叶生产才发展起来。20世纪60年代开始，斯里兰卡茶园面积基本稳定。进入21世纪后，茶园面积开始有所减少，但茶叶产量一直稳定在30万吨以上。

斯里兰卡茶叶生产的经营方式是农户小规模生产和公司规模化经营并存。目前，斯里兰卡茶园总面积的44%由小规模家庭农户生产，其产量约占60%；56%的茶园由公司直接控制，其产量约占40%。

斯里兰卡茶树种植基地主要集中在中央高地和南部低地，以产红茶为主，所产红茶不但产量比重大，而且品质优异。斯里兰卡生产的红茶按产地海拔不同分为三类，即高地茶、中地茶和低地茶。所产的锡兰红茶集中在6个产区：乌瓦、乌达普沙拉瓦、努瓦纳艾利、卢哈纳、坎迪和迪不拉。斯里兰卡也生产少量绿茶。斯里兰卡早在1889年就开始生产绿茶，但近几年绿茶产量只有2 000吨左右。另外，斯里兰卡还产有少量的特种茶，如速溶茶、风味茶等。

4. 土耳其

土耳其地跨欧亚两洲，是当今世界茶叶生产大国，也是茶叶消费大国。茶在土耳其人民心目中占有重要地位。

土耳其种茶始于20世纪20年代，1937年建立全国第一个茶树种植场，1947年建立全国第一家红茶厂。从此，土耳其茶叶生产开始逐步发展。1963年开始，土耳其生产的茶叶已能满足本国消费需要。特别是进入21世纪以来，土耳其全国茶园面积一直稳定在7.5万公顷左右。

土耳其以生产红茶为主，主要供应本国需要，但仍有部分出口，以销往俄罗斯、英国等国家为主。如今，土耳其茶叶生产主要由茶叶商会控制，规模大、机械化程度较高，茶叶生产已成为土耳其农业生产中的主要产业之一。

5. 越南

越南茶叶生产的快速发展，是从20世纪80年代开始的。越南的自然条件，无论是生态还是气候，都适宜茶树生长。越南茶区分布广泛，遍及全国19个省，但主要分布在北部山区，这里还有一些野生茶树生长；其次是中部山区；此外，南部也有茶区分布。

越南生产的茶叶以红茶为主，其次是绿茶和花茶。近年来，越南绿茶生产步伐加快。越南生产的茶叶除满足本国人民需要外，还有较多出口。

6. 印度尼西亚

早在1684年，印度尼西亚就开始在爪哇岛和苏门答腊岛试种茶树。20世纪50年代，印度尼西亚茶叶生产已恢复到第二次世界大战前的水平。21世纪以来，印度尼西亚茶园面积一直保持在11万～14万公顷，茶叶产量保持在13万～18万吨。

印度尼西亚茶区主要分布在爪哇岛和苏门答腊岛上，这里虽地处高原，但气候依然温暖，雨量充沛，适宜种茶。印度尼西亚以生产红茶为主，也生产少量绿茶和花茶。近年来，也开始试制一些乌龙茶。印度尼西亚生产的茶叶，80%用来出口国外。

第四章

茶具知识

第一节 茶具的历史演变

茶具在古代亦称茶器或茗器。在陆羽《茶经·二之具》中茶具主要指茶叶采制的工具。现代人说的茶具主要指饮茶器具，如盖碗、紫砂壶、品茗杯、玻璃杯等。

一、茶具的起源

中国茶具历史悠久，工艺精湛，品类繁多，经历了古朴、富丽、淡雅三个阶段。西汉辞赋家王褒在《僮约》里提到"烹茶尽具"，这是我国最早提到"茶具"的史料，但这里的"具"未必就是烹茶专用的器具。直到魏晋以后，饮茶器具才从其他饮器中慢慢独立出来。据考证，最早的专用茶具是盏托，盘壁由斜直变成内弧，有的内底心下凹，有的有一凸起的圆形托圈，使盏"无所倾斜"，同时出现直口深腹假圈足盏。到南朝时，有了饮茶使用盏托的记载。专用茶具在民间得到普遍使用和确立是在唐代。

二、茶具的发展

茶具的产生和发展经历了由粗趋精，由大趋小，由繁趋简，从古朴趋向富丽再趋向淡雅的返璞归真的过程。

1. 唐代

唐代，随着我国饮茶风尚从南向北推广，茶具也呈现出"南青北白中彩"的局面。南方越窑（浙江省绍兴、宁波一带）的青瓷茶碗，如冰，似玉，能益色，最为茶圣陆羽推崇。越窑窑址在今浙江省宁波的慈溪和绍兴的上虞，以生产青瓷茶器为主。北方最著名的为邢窑，窑址在今河北省内丘。在河南省洛阳还出现了以黄、紫、绿为主体的三色茶具，称为三彩茶具。此外，长沙窑、寿州窑（安徽省寿县一带）、洪洲窑（江西省修水一带）等，也是以产瓷器茶具出名的。唐代陆羽在总结前人饮茶使用的各种器具后，在《茶经》中开列出24（或28）种茶器具的名称，并描绘其式样，阐述其结构，指出其用途。这是中国茶具发展史上，对茶具的最明确、最系统、最完善的记录。唐代茶具不但配套齐全，而且形制完备。其中，煮器有风炉，制（作）器有碾、罗，舀器有瓢，饮器有碗，涤器有涤方，盛器有水方、熟盂等。1987年，陕西扶风法门寺地宫出土了一整套唐代茶具，多为鎏金银质茶器（或称金银质茶器），这既是唐代品茶之风盛行的有力证据，也是唐代茶文化的集中体现。

2. 宋代

宋代，点茶法大行，崇尚茶汤"以白为贵"，用黑瓷盏盛白茶汤，黑白分明，便于鉴评茶的优劣，适合斗茶（评定茶的优劣）要求，故宋人更加偏爱建窑黑（瓷）釉盏。宋代的五大名窑有浙江省杭州的官窑，浙江省龙泉青釉开片的哥窑，河南省临汝的汝窑，河北省曲阳的定窑，河南省禹县的均（钧）窑。与唐代相比，宋代饮茶器具更加讲究法度，形制越来越精。

3. 元代

元代，团饼茶逐渐衰退，条形散茶（即芽茶和叶茶）开始兴起，使得将散茶用沸水冲泡饮用的方法逐渐代替了将饼茶研末而饮的点茶法和煮茶法。与此相应的是一些茶具开始消亡，另一些茶具开始出现。一种鼓腹、有管状流和把手或提梁的茶壶应运而生。这种茶壶造型古朴别致，经长年使用光泽如古玉，又能留住茶香，尤其是壶上的字画更让人爱不释手。元代茶具是上承唐代与宋代，下启明代与清代的一个过渡时期。

4. 明代

明代，茶具最突出的特点是小茶壶的出现。江西省景德镇的白瓷茶具和青花瓷茶具、江苏宜兴的紫砂茶具（即景瓷宜陶）获得了极大的发展。青花瓷器是用含氧化钴的钴矿为原料，经高温煅烧而成，具有着色力强、发色鲜艳的特点。明代紫砂壶制壶名家辈出，最早的紫砂壶为明代的供春壶，最著名的制壶大师是时大彬，其制作的壶朴雅坚致，妙不可言。

5. 清代

清代，茶类有了很大的发展，形成了六大茶类，均属条形散茶。无论哪种茶类，饮用时仍然沿用明代的直接冲泡法。在这种情况下，泡茶用的茶具基本上没有突破明代的规范。与明代相比，清代茶具的制作工艺技术却有着长足的发展，这在清人使用的最基本茶具，即茶盏（盖碗）上表现得最为充分。福州的脱胎漆茶具、四川的竹编茶具、海南的生物茶具（如椰子、贝壳等）等也开始出现，自成一格。总之，清代茶具异彩纷呈，形成了这一时期茶具新的特色。

6. 现代

现代，茶具不但种类和品种繁多，而且质地和形状多样，陶、瓷、玻璃、金属、竹、木、搪瓷、石、玛瑙、水晶、贝壳等茶具应有尽有。其中，尤其以紫砂茶具、玻璃茶具、瓷器茶具的使用最为普遍。

第二节　茶具的种类及产地

随着时代的进步和饮茶方式的变化，茶具的种类也在不断变化。中国地域广阔、民族众多，各地居民饮茶习俗不同，所用茶具也各有特色。人们最常使用的茶具有茶壶、茶杯、茶碗、茶盏、杯托、托盘等，它们质地迥异，形式复杂，花色丰富，烧制方法各异。按材质、烧制工艺及功能的不同有以下分类。

一、按材质分类

茶具按其材质不同可分为陶土茶具、瓷器茶具、玻璃茶具、金属茶具、漆器茶具、竹木茶具等几大类。

1. 陶土茶具

陶土茶具是新石器时代的重要发明，距今已有12 000多年的历史，最初是粗糙的土陶，逐渐演变成比较坚实的硬陶和釉陶。

陶器中的佼佼者首推主要产于江苏宜兴的紫砂茶具。紫砂茶具始于北宋，明代以后大为流行，成为各种茶具中最惹人珍爱的瑰宝。

2. 瓷器茶具

瓷器是一种由瓷石、高岭土、石英石、莫来石等组成,外表施有玻璃质釉或彩绘的物器。瓷器茶具的种类主要包括青瓷茶具、白瓷茶具、黑瓷茶具和彩瓷茶具。

(1) 青瓷茶具。青瓷茶具始于晋代,以浙江生产的质量最好。宋代,作为当时五大名窑之一的浙江龙泉哥窑生产的青瓷茶具远销各地。龙泉青瓷以"造型古朴挺健,釉色翠青如玉"著称。它有两个特点:一是釉面显纹片;二是器脚露胎(显铁质),口部显紫色,俗称"紫口铁脚"。

(2) 白瓷茶具。白瓷色泽洁白,能反映出茶汤色泽,传热、保温性能适中,加之造型各异,堪称珍品。早在唐代,河北邢窑生产的白瓷器具已"天下无贵贱,通用之。"唐代白居易还作诗盛赞四川大邑生产的白瓷茶碗。如今,白瓷茶具更是面目一新,适合冲泡各类茶叶。

(3) 黑瓷茶具。宋代,茶色贵白,所以宜用黑瓷茶具陪衬。宋代的黑瓷茶盏,以建窑所产的最为著名。建盏配方独特,在烧制过程中使釉面呈现兔毫条纹、鹧鸪斑点、日曜斑点,一旦茶汤入盏,能放射出五彩纷呈的点点光辉,增加了斗茶的情趣。

(4) 彩瓷茶具。彩色茶具的品种、花色很多,其中尤以青花瓷茶具最引人注目。青花瓷茶具,直到元代中后期才开始成批生产,特别是景德镇,成了我国青花瓷茶具的主要生产地。青花瓷是以氧化钴为呈色剂,在瓷胎上直接描绘图案纹饰,再涂上一层透明釉,然后在窑内经1 300 ℃左右高温还原烧制而成的器具。

3. 玻璃茶具

玻璃,古人称为流璃或琉璃,是一种有色半透明的矿物质。我国的琉璃制作虽然起步较早,但直到唐代,随着中外文化交流的增多,西方的玻璃器皿不断传入,才开始烧制琉璃茶具。

4. 金属茶具

金属茶具是指由金、银、铜、铁、锡等金属材料制作而成的器具,是中国最早的茶具之一。到隋唐时,金银器具的制作达到高峰。陕西扶风法门寺出土的一套由唐僖宗供奉的鎏金茶具,可谓金属茶具中罕见的稀世珍宝。

5. 漆器茶具

采割天然漆树汁液进行炼制,掺进所需色料,制成绚丽夺目的器件,这是先人的创造发明之一。漆器茶具始于清代,主要产于福建福州,故称为"双福"茶具。福州产漆器茶具多姿多彩,有宝砂闪光、金丝玛瑙、釉变金丝、仿古瓷、赤金砂等名贵品种。

6. 竹木茶具

竹木茶具来源广,制作方便,对茶无污染,对人体无害,因此,自古至今,一直受到茶人的欢迎。

除了上述常见茶具外，还有用玉石、水晶、玛瑙以及各种珍稀原料制成的茶具。例如，在我国台湾地区，用木纹石、龟甲石、尼山石、端石等制成的石茶壶很受欢迎，但这些茶具一般用于观赏和收藏，在实际泡茶时则很少使用。

二、按烧制工艺来分类

茶具按烧制工艺不同可分为柴烧茶具、气窑茶具、电窑茶具等几类。

1. 柴烧茶具

柴烧茶具是指利用薪柴为燃料烧制的陶瓷茶具，主要分为上釉（底釉）与不上釉（自然釉）两大类，如宋代天目碗及青瓷釉都是上釉的，而日本的备前烧是不上釉的（取其自然落灰效果）。

柴烧是一种古老的技艺，烧窑难度相当大，以特制的耐火砖和泥砌窑，以松为柴，以匣钵罩烧，烧成时间多控制在 28~48 小时，窑内温度可达到 1 350~1 380 ℃。柴烧是非完全封闭式熔炉，烧制全程都需要人力把控火力，费时费力。柴烧作品的成败取决于土、火、柴、窑之间的关系。因此，柴烧不仅是燃烧薪柴，更是人与窑的对话、火与土的共舞，运用最原始、自然的方式制成美丽的作品。

柴烧作品整体呈现的是粗犷自然的质感、朴拙敦厚的色泽和深沉内敛的古雅。它的特点是使木材燃烧所产生的灰烬和火焰直接蹿入窑内，窑内的落灰自然依附在坯体之上，在高温烤制下形成光泽温润、层次丰富的自然灰釉，熔化或未熔化的木灰在其表面形成平滑或粗糙的质感，生成各种颜色变化，留下了火曾驻足过的痕迹。在出窑前任何人对成品都没把握，但总是会有出人意料的收获，这也正是柴烧迷人的地方。

2. 气窑茶具

气窑是指以天然气、液化气等为燃料来进行烧制的窑炉。气窑的温度高达 1 380 ℃，烧制时间为 6~10 小时。气窑主要用于烧制釉下高温瓷，其特点是：气窑在烧制时能更好地改变窑内氧化氛围，在窑内达到一定温度时可控制风门大小，加入部分空气，控制窑内的含氧量，成品颜色多变，有猪肝色、红色、黑色、花色等，极易控制，能达到窑变效果，形成色彩斑斓的艺术品。

3. 电窑茶具

电窑是指以电为能源，多半以电炉丝、硅碳棒或二硅化钼作为发热组件，依靠电能辐射和导热原理进行烧制的窑炉。

电窑利用现代烧制工艺进行升级和改造，使烧制工艺更加可控和简易化。电窑以中低温窑炉为主，温度最高达 950 ℃，主要用于烤制湿坯和烤花工艺。电窑的优点是环保且成品率高。电窑烧制时间为 4~6 小时，壶坯放入窑内后关紧闸门，用电脑操作板控制温度轨迹，窑内温度便会顺着预设好的轨迹烧制，可以更好地控制壶坯成色，整窑可以达到颜色一致的效果。

三、按功能分类

在现代茶艺活动中，按功能不同可将茶具分为泡茶器具、盛茶器具、辅助器具、储水器具、储茶器具、盛运器具、泡茶席和茶室用品八类。

1. 泡茶器具

（1）茶壶。茶壶是茶具的重要组成部分，是主要用来泡茶和斟茶的带嘴器皿，也有直接用小茶壶来泡茶和盛茶，独自酌饮的。茶壶由壶盖、壶身、壶底、圈足四部分组成，壶盖有孔、钮、座、盖等细部，壶身有口、延（唇墙）、嘴、流、腹、肩、把（柄、扳）等部分。因为不同茶壶的把、盖、底、形的细微差别，茶壶的基础形态就有近 200 种。泡茶时，茶壶大小依饮茶人数多少而定。茶壶的质地很多，目前使用较多的是紫砂陶壶或瓷器茶壶。

（2）盖碗。盖碗是集盖、碗、托三件于一式的茶器，又称"三才碗""三才杯"，寓意盖为天、托为地、碗为人，暗含天地人和之意。盖碗在明代散茶撮泡的基础上开始流行。清代北方流行花茶，茶汤容量较多，具保温功能的盖碗和大壶使用最为普遍。饮时多以盖拨茶，既可直接啜饮也可观赏叶形。

（3）茶碗。茶碗主要用于碗泡法。碗泡法的前身是点茶法，始自唐代，兴盛于宋代，点茶所需器具只需汤瓶、茶碗和竹筅，茶也多为抹茶。这种泡茶方法传至日韩，得以流传至今。近年来，碗泡法又在茶圈中流行起来，以碗开汤，以匙分汤，碗茶散热快不易闷馊，宜冲点细芽观赏叶形。匙能分茶亦能闻香，在茶席上富有趣味性。

2. 盛茶器具

（1）公道杯。公道杯又称茶海、茶盅，用以盛放茶汤，避免茶叶久泡而苦涩，并起到沉淀茶渣的作用。其最主要的作用是使茶汤浓度相近、滋味一致，均匀后再分至各人杯中，以表一视同仁，因而也有了"公道杯"之名，反而"茶盅"的称呼渐渐少用，被人遗忘。

（2）品茗杯。品茗杯用来品茶及观赏茶的汤色。将茶汤倒入品茗杯中，小啜慢品，是饮茶过程中最惬意的享受。品茗杯多为白瓷、紫砂或玻璃材质。

（3）闻香杯。闻香杯有闻香之用，比品茗杯细长，通常与品茗杯成套使用。使用闻香杯，一是保温效果好，可以让茶的热量多留存一段时间，饮者也能够握住杯颈暖一会儿手；二是茶香散发慢，可以让饮者尽情地玩赏品味。

3. 辅助器具

（1）壶承。壶承主要是作为承载主泡茶器的容器。壶承的兴起，借鉴于工夫茶使用的茶盘，又因20世纪80年代流行起来的"干泡法"而被广为使用。在干泡茶席上它更多用来避免主泡茶器上流出的水沾湿席布，也是为了提升茶席的总体美感。

（2）杯托。杯托是茶杯的垫底器具，方便奉茶，且不易烫手。

（3）茶巾。茶巾又被称为茶布，常用麻、棉等纤维制造而成。茶巾的主要功能是擦干茶壶，于分茶前将茶壶或茶海底部残留的水擦干，也可用于擦拭桌面的茶水。

（4）茶席巾。茶席巾又名素方，是奠定茶具中心位置的一方素巾。早期盛放茶具是一只托盘，渐渐发展为一块软质布巾，随着茶桌越变越大，茶席的规格也渐由小长方巾发展至符合当代视觉美学的大长卷。长卷是中国水墨绘画非常独特的能表现时间意味的艺术形式，右手一边收卷"过去"，左手一边开展"未来"。

（5）茶道六君子。茶道六君子又称茶道组，包括茶筒、茶匙、茶漏、茶则、茶夹、茶针。

1）茶筒。茶筒是盛放茶艺用品的茶器筒。

2）茶匙。茶匙又称茶勺，形状像汤匙，是盛茶入壶的用具。

3）茶漏。茶漏在置茶时放在壶口上，以导茶入壶，防止茶叶掉落壶外。

4）茶则。茶则是量器的一种，把茶从茶罐中取出置于茶荷或茶壶时，需要用茶则来量取。茶则也可配合茶匙，将茶叶拨入茶壶中。

5）茶夹。茶夹可将茶渣从壶中夹出，也常有人拿它夹着茶杯洗杯，防烫又卫生。

6）茶针（茶通）。茶针的功用是疏通茶壶的内网（蜂巢），以保持水流畅通，或放入茶叶后把茶叶拨匀，使碎茶在底，整茶在上。

（6）盖置。盖置是承托壶盖、盅盖、杯盖的器具，既保持盖子清洁，又避免沾湿桌面。

（7）滤网、滤网架。滤网（滤斗）用来过滤茶汤碎末。传统滤网为金属丝制成，边缘金属或瓷质。滤网架用来承托滤网，常见为金属螺旋状，传统样式有瓷质双手合掌状、单手伸指状等。

（8）茶荷。茶荷的功用与茶则类似，皆为置茶的用具，但茶荷更兼具赏茶功能。茶荷的主要用途是将茶叶由茶罐移至茶壶。在置茶时也兼具赏茶功能。盛装茶叶后，茶荷供人欣赏茶叶的色泽和形状，并据此评估冲泡方法及茶叶用量多少，之后才将茶叶倒入壶中。茶荷有多种形状，如圆形茶荷、半圆形茶荷、弧形茶荷、多角形茶荷，形状多为有引口的半球形，也被称为赏茶荷。茶荷材质多样，主要有瓷器、竹制品、陶制品等，既实用又可当艺术品，一举两得。没有茶荷时可用质地较硬的厚纸板折成茶荷形状使用。

（9）茶盘。茶盘是盛放茶壶、茶杯、茶道组、茶宠乃至茶食的浅底器皿。茶盘可以很大，也可以很小，形状可方可圆或为扇形；可以是单层也可以是夹层，夹层用以盛废水，可以是抽屉式的，也可以是嵌入式的。茶盘按材质分为竹茶盘、木茶盘、石茶盘、陶瓷茶盘、金属茶盘、电木茶盘等。

有了茶盘，茶壶、茶杯等才好登场，演绎出一场关于茶文化的"好戏"。即便是在郊外或公园的无我茶会，至少也需要一面茶巾来替代一下茶盘的角色，似乎茶盘一摆，就能在繁杂与琐碎中铺展出一片清凉而广阔的天地。十把壶摆在一起也没有一面茶盘摆在那里更有饮茶的氛围，前者会感觉杂乱，后者有一统局面的整肃。

4. 储水器具

（1）煮水器。煮水器由汤壶和茗炉两部分组成，炉以热源分有电炉、酒精炉、炭炉、燃气炉等。常见的茗炉，炉身为陶器或金属架，中间放置酒精灯。茶艺馆及家庭使用最多的是电炉，用电烧水，方便实用。

（2）水盂。水盂又名茶盂、废水盂、建水、渣斗，用于存放泡茶过程中的废水、茶渣等，功能相当于废水桶、茶盘。

（3）水方。水方是储放清洁用水的器皿。

（4）水注。水注是盛水的壶形容器，用于将冷水注入煮水器内加热，或将开水注入壶（杯）中温器、调节冲泡水温。水注形状近似壶，口较一般壶小，而流特别细长，多为陶瓷制品。

5. 储茶器具

（1）茶样罐（筒）。茶样罐是用于盛放茶样的容器，体积较小，装干茶30~50克即可。茶样罐以陶器为佳，也有用纸或金属制作的。

（2）储茶罐（瓶）。储茶罐是用于储藏茶叶的容器，可储茶250~500克。为密封起见，储茶罐（瓶）应使用双层盖或防潮盖，金属或瓷质均可。

（3）茶瓮（箱）。茶瓮是涂釉陶瓷容器，小口鼓腹，储藏防潮用具；也可用镀锡铁（马口铁）制成双层箱，下层放干燥剂（通常用生石灰），上层用于储藏，双层间以带孔搁板隔开。

6. 盛运器具

（1）提柜。提柜是用于储存泡茶用具及茶样罐的木柜，门为抽屉式，内分格或安放小抽屉，可外出泡茶使用。

（2）提篮。竹编的有盖提篮可用于放置泡茶用具及茶样罐等，可外出泡茶使用。

（3）提袋。提袋是携带泡茶用具及茶样罐、泡茶巾、坐垫等物的多用袋，是用人造革、帆布等制成的背带式袋子。

（4）包壶巾。包壶巾是用于保护壶、盅、杯等的包装布，以厚实而柔软的织物制成，四角缝有雌雄搭扣。

（5）杯套。杯套常用柔软的织物制成，套于杯外。

7. 泡茶席

（1）茶车。茶车是可以移动的泡茶桌子，不泡茶时可将两侧台面放下，搁架对向关闭，桌身即成一柜，柜内分格，放置必备的泡茶器具及用品。

（2）茶桌。茶桌是用于泡茶的桌子，长120~150厘米，宽60~80厘米。

（3）茶凳（椅）。茶凳（椅）是泡茶时的坐具，高低应与茶车或茶桌相配。

（4）坐垫。坐垫是在炕桌上或地上泡茶时用于坐、跪的柔软垫物，大多为60厘米×60厘米的方形物，或60厘米×45厘米的长方形物。为方便携带，可制成折叠式。

8. 茶室用品

（1）屏风。屏风用于遮挡非泡茶区域或作装饰物。

（2）茶挂。茶挂是挂在墙上营造气氛的书画艺术作品。

（3）花器。花器是插花用的瓶、篓、篮、盆等物。

（4）香炉。香炉是点香用的香器，用于营造泡茶区域的意境。

第三节　瓷器茶具的特色

一、瓷器茶具发展历史

瓷器是中国古代伟大的发明。我国陶瓷业界普遍认为，在3 000多年前的商代已出现了原始青瓷，而成熟的青瓷烧制工艺应当出自东汉，其依据是在浙江省的上虞、宁波、慈溪、永嘉等地发现的东汉瓷窑遗址，以及在华东、华中各省的东汉墓葬中出土的青瓷器。此后，在三国两晋南北朝时期的360多年间，南方的青瓷生产突飞猛进地发展。

在出土的商代原始青瓷器中尚未发现碗，只有罐。经过1 000多年的发展，到春秋战国时期有了碗、盘、钵、盂、壶等。而中国文字史上第一次出现"瓷"字，是在晋代吕忱的《字林》一书中。晋代人已经使用瓷器具饮茶了。在同一时期，黑瓷也在浙江德清兴起，远销四川。除了日用杯、碗以外，瓷器具的器形从矮胖向高瘦发展，并在单色中饰以褐彩，开始了装饰。到581年，隋统一全国，结束了南北对峙几百年的战乱局面。尤其是大运河的开凿，使得南方的茶叶源源北上，人们对瓷器茶具的需求也日益增长。隋代出现了瓷的匣钵烧造，摒弃了叠火烧造中黏附沙粒、釉色不纯等弊病，又利用印花、刻花技术提高了瓷器质量。虽然隋代仅存在38年，但隋代瓷业飞速发展，各种花色、风格、样式的瓷器日渐丰富，出现了"南青北白"（南方越窑青瓷与北方邢窑白瓷）的格局，在中国瓷史上起着承前启后的作用。

秘色瓷是五代吴越国钱氏朝廷命令越窑烧造供奉，庶民不得使用的瓷器。从陕西法门寺塔唐代地宫中发掘出的13件越窑青瓷，可以印证在唐代、五代及宋代文献中屡现的"秘色越器"记载。同时出土的五代越瓷中还有用金银装饰的。

宋代上层社会的饮茶方法、口味有了些改变。一是不在茶中加进盐、姜等作料，二是由饮江南的细芽茶改为品饮产于福建武夷山一带的岩茶。宋人把一种加工成半发酵的膏饼茶碾成细末，先注汤调匀，再加初沸的水点注，茶汤表面泛起一层白色的泡沫。评茶时，先斗色，以色白为贵，又以青白胜黄白；其次斗水痕，以茶汤先在茶盏周围沾一圈，有水痕者为负。这就要求茶具是黑色的，建窑的兔毫盏由此声名鹊起。同时代还有江西吉州（今吉安县永和镇）永和窑产的黑釉瓷，在装饰上有风格独具的木叶、剪纸贴花等。

元代灭南宋统一全国后，设"浮梁瓷局"，免除了技能高的官匠的其他差役，并允许其职业世袭。这对景德镇瓷业的发展起了很重要的作用。元代青花瓷大致可分为两类：一类为小件器物，胎轻薄，不甚精细，多为清白、乳白、半透明或影青釉；另一类以大件器物为多，其特征是形大、胎厚、体重、画面层次多、繁而不乱，而且题材极为广泛。釉里红和卵白釉瓷是元瓷的创新，前者器形多为瓶、罐类，后者则有碗、盘、高足碗，最典型的是一种小足、平底、敞口、浅腹的折腰碗，其内壁多印"枢府"二字，这种碗是茶具。这一时期的瓷窑有钧窑、磁州窑、龙泉窑、德化窑、霍窑等。

在元代的基础上，明代将瓷业的工奴制和烧造、管理进一步提高完善。该时期与茶有关的器具有：压手杯，口平外撇，腹壁较直，自腹壁处内收，腹壁渐厚，握于手中有稳妥凝重之感；高足碗，碗下有高足，有青釉、卵白釉、青花、釉里红等；宫碗，口沿外撇，腹部宽深，丰圆端正；净水碗，有饼形足、圈足、高足之分，佛前供茶用。此外，还有孔明碗、卧足碗、折腰碗、鸡心碗，以及各个地区产的壶等。

二、瓷器茶具的特点

瓷器茶具采用瓷土（高岭土）来做瓷器的胎料，含铁量一般在3%以下，比陶土的含铁量低。其烧成温度比陶土高，一般在 1 200 ℃ 以上。胎体坚固密致，断面基本不吸水，敲击时有清脆的声音。

瓷器茶具由于材质的原因，不存在串味，任何茶都可以冲泡。

三、"瓷都"景德镇

说起瓷器茶具，不能不提到景德镇。宋以前景德镇叫新平、昌南。北宋景德年间昌南镇制瓷贡京，宋真宗赐名"景德"。自此，景德镇再未改名。

景德镇制瓷历史悠久，所产瓷器品质优良，以"白如玉、明如镜、薄如纸、声如磬"享誉中外，因而千百年来有中国"瓷都"之称。

文献资料记载，景德镇制瓷历史可追溯到东汉时期，当时生产的是陶器，至今有 1 700 多年历史。六朝时期，景德镇瓷业已进入瓷器阶段，到了唐代，景德镇瓷业工人掌握了高火度烧造瓷器的技术，所制瓷器"莹缜如玉"，被誉为"假玉器"，应诏贡献于宫廷。景德镇真正奠定瓷都地位是在宋代。当时，大江南北名窑林立，而景德镇瓷器在胎质、造型、釉色、制作等方面更胜一筹，其代表影青瓷造型秀美、胎质细腻、体薄透光、釉色似玉，达到了时代的高峰。由于北方战乱，北方各名窑相继衰落，宋室南迁之后，瓷业精华逐步向景德镇集中，其工艺水平又有很大提高，景德镇瓷业生产规模也越来越大。据说，当时有窑 300 余座，进入鼎盛时期。

元代是景德镇制瓷史上的一个创新时期，其成就主要表现为青花瓷和釉里红瓷的创制成功，把瓷器装饰推进到釉下彩的新阶段。

青花瓷是用青花色料在瓷胎上作画，然后罩上一层透明釉，经高温烧制而成。花纹呈蓝色，在洁白胎体的衬托下，有明净素雅之感。由于花饰在釉下，因而永不褪色。釉里红瓷在釉下呈现红色花纹，具有宝石般的富丽感，与青花瓷一样，也是一次烧成。如果将釉里红色料与青花色料一同绘制在瓷坯上，所制瓷器就称"青花釉里红"，画面别有风韵，被誉为"人间瑰宝"。

明代"天下窑器所聚"，景德镇以多品种、多釉、多彩的瓷制品取得了卓越的成就，成为全国制瓷业的中心。景德镇出产的青花瓷器，成为全国瓷器生产的主流。与此同时，景德镇的能工巧匠成功创制了釉上五彩瓷器，开创了瓷器装饰釉上彩的新纪元，明永乐、宣德年间还烧成了铜红釉和其他单色釉瓷。景德镇作为瓷都，在规模、工艺和产品质量上都在全国独占鳌头，在国内外市场中获得了极高声望。

清代康熙、雍正、乾隆三朝，是景德镇瓷器生产的高峰期。虽然瓷器生产遍及各地，但景德镇始终代表着同时代的最高制瓷水平。清代景德镇瓷器生产在前代基础上又有创新和发展，青花色彩更鲜艳纯净，釉上五彩更加丰富明丽，同时创制了很多名贵品种。

粉彩是清代发展起来的一种低温彩瓷工艺，是在五彩基础上吸收珐琅制作工艺创制成功的。粉彩瓷色彩柔和丰富，技法多变，既可工笔勾画，又可挥洒写意，深受欣赏者喜爱。珐琅彩运用珐琅装饰瓷器，结合绘画、书法艺术，体现了古代景德镇瓷工的卓越才智。总之，清代景德镇瓷业空前繁荣，技艺水平冠绝一时，生产规模也是前所未有。当时，景德镇人口约10万，街长20里，窑户密集，商贾如云，是瓷业生产的黄金时代。

第四节　陶器茶具的特色

一、紫砂茶具发展历史

备受人们喜爱的紫砂茶具产于我国江苏省宜兴市丁蜀镇（古时称阳羡），"人间珠宝何足取，岂如阳羡溪头一丸泥"的赞誉道出了紫砂陶的珍贵。

宜兴市位于江苏省太湖西滨，南北分别与浙江省长兴县和江苏省常州市相邻，境内山岭起伏、河流纵横。宜兴市盛产陶器，有"陶都"之称。早在4000年前，这里的原始居民就掌握了制陶技术。从宜兴发现的新石器时期的文化遗址中，发掘出大量的夹砂红陶、泥质红陶、白衣黑陶和灰陶的碎片。器皿的成型方法基本上是手制，在较晚的泥质红陶上面可以看到简单的方格纹。从商周时代遗址发掘的文物中已发现钵、盆、壶等器形的盛储器皿。其中夹砂红陶均由手工制作，保留着简单粗糙的纹样。黑陶和灰陶多为轮制，器形匀整，并施以雕刻、镂空等新型装饰。这时火候较高的褐色陶也已烧成。褐色陶胎质坚硬，在烧制技术上，可能已从敞口烧进步到封闭烧，窑腔温度提高到100℃左右。至此，宜兴制陶技术已经进入成熟阶段。

尽管宜兴地区有着数千年的制陶历史，但紫砂茶具究竟何时起源，何时形成一套独立完整的制作方法和体系却有多种说法。据说春秋时期的越国大夫范蠡是紫砂鼻祖，关于他的传说距今已有2400多年。而流传最广的则数金沙寺僧人与供春制壶的故事了。

供春制壶的故事流传了数百年，然而紫砂成型技术的传统方法绝非偶然得之，紫砂制造的起源也不是从金沙寺僧人和供春才开始的，它是经过历代能工巧匠辛勤劳作、揣摩实践总结出的工艺精华。有学者推论，紫砂茶具的起源应在北宋，主要依据是当时的一些文学作品，特别是北宋梅尧臣所写《依韵和杜相公谢蔡君谟寄茶》："天子岁尝龙焙茶，茶官催摘雨前芽。团香已入中都府，斗品争传太傅家。小石冷泉留早味，紫泥新品泛春华。吴中内史才多少，从此莼羹不足夸。"

明清时期，随着饮茶方法的转变，紫砂茶具也迎来了发展的高峰期。明代开始废除饼茶，而普遍饮用与现在的炒青绿茶相似的芽茶，饮茶的方法也一改煎煮为冲泡，逐渐形成用紫砂茶壶或瓷茶壶冲泡茶叶的风尚。这种饮茶方式的改变也促进了茶壶的发展。

紫砂色泽含蓄温雅，与文人的清雅气质相吻合，因而备受青睐。许多文人雅士竞相收藏紫砂茶壶，并且参与制作，相传现在被人们熟知的"东坡提梁大壶"就是当年苏东坡设计的。

明清时许多著名文人都参与了紫砂茶壶的制作和书画，如董其昌、郑板桥、陈鸿寿、陈继儒等。这其中要首举清代金石书画家陈鸿寿（号曼生），是他推动了在紫砂茶壶上题铭画刻之方，极大地提高了紫砂陶的艺术和文化品位，将这种实用手工艺品演化成具有很高欣赏价值的实用艺术品。文人参与紫砂茶壶的制作，对紫砂陶的发展产生了极大的推进作用。不少文人在定做紫砂壶或提供图样后，不仅提出自己的看法和意见，甚至还亲自监制。他们的喜好意趣提高了工匠的审美和鉴赏水平，特别是有一定文化修养的工匠受到文人的启发，在创作上展现出新貌。文人与工匠的交往协作，产生了一种商品化的紫砂文化。由文人设计或文人和工匠一起制作的紫砂壶的出现和流行，对世俗产生了很大的影响，民众也纷纷附庸风雅，具有文化色彩的商品茶壶大量面市。这进一步推动了紫砂壶艺的发展，并使这种实用工艺品跃上更高的台阶。

抗日战争爆发到1949年前，是宜兴紫砂业的急剧衰退时期，在抗日战争时期，丁山、蜀山窑业区的厂房和民房被毁者达600多间，陶窑完全被毁者12座，还有一些陶窑被侵略军改作炮台或碉堡。当时宜兴紫砂业情况是"大窑户逃往外地，中小窑户无意经营"，"每年曾以百万件紫砂供给全国和远销世界各地的蜀山窑场，那时全年所烧紫砂茶壶不满千把"。到20世纪40年代初期稍有恢复，但年产值最多时也只及战前最高年份的45%左右。

新中国成立后，政府重振紫砂业，大力组织生产与出口，老艺人带徒弟，为紫砂业提供充足的后备人才。1956年，江苏省人民政府任命任淦庭、朱可心、裴石民、吴云根、王寅春、顾景舟、蒋蓉七位紫砂艺人做技术辅导，培养新一代紫砂艺人，传承紫砂手工陶艺。

二、紫砂茶具特点

紫砂茶具的坯质致密坚硬，里外不敷釉，取天然泥色，大多为紫砂，也有红砂、白砂焙烧而成。

紫砂茶具成陶火温在1 100～1 200 ℃，烧结密致，胎质细腻，既不渗漏，又有肉眼看不见的气孔，长久使用能吸附茶汁、蕴蓄茶香。紫砂茶具传热缓慢，不易烫手，又因它耐寒耐热，甚至还可以直接放在炉灶上煨炖。人们称紫砂茶具有三大特点：泡茶不走味，储茶不变色，盛暑不易馊。一件姣好的紫砂茶具，必须具有三美，即造型美、制作美和功能美，三者兼备方称得上是一件完善之作。

第五节　其他茶具的特色

一、玻璃茶具

玻璃茶具一般是将石英砂与石灰石、纯碱等混合后，在高温下熔化、成形，再经冷却后制成的。玻璃质地透明，光彩照人，可塑性大，用它制成的茶具，形态各异，用途广泛，加之价格低廉、购买方便，深受茶人好评。

在众多的玻璃茶具中，以玻璃杯最为常见，用它泡茶，欣赏茶汤色泽、茶叶姿态及茶叶在整个冲泡过程中的上下起浮，犹如跳舞，可以说是一种动态的艺术欣赏。特别是用玻璃杯来冲泡细嫩名优茶，最富观赏价值。玻璃茶具用于家居待客，也不失为一种好的选择。但美中不足的是玻璃茶具质脆，易破碎，导热快，较烫手。

二、金属茶具

从宋代开始，古人对金属茶具褒贬不一。元代以后，特别是从明代开始，金属茶具逐渐消失，很少使用。但金属储茶器具，如锡瓶、锡罐等，却屡见不鲜。

金属储茶器具的密闭性好，具有较好的防潮、避光性能，更有利于散茶的储藏。

三、漆器茶具

福州生产的脱胎漆茶具的制作精细复杂,先做成木胎或泥胎模型,其上用夏布或绸料以漆裱上,再连上几道漆灰料,然后脱去模型,再经填灰、上漆、打磨、装饰等多道工序,才最终成为脱胎漆茶具。

脱胎漆茶具多为黑色,并融书画于一体,饱含文化意蕴;且轻巧美观,色泽光亮,明镜照人,又不怕水浸,能耐温、耐酸碱腐蚀。脱胎漆茶具除有实用价值外,还有很高的艺术欣赏价值。

四、竹木茶具

清代,在四川出现了一种竹编茶具,它由内胎和外套组成,内胎多为陶瓷类饮茶器具,外套用精选慈竹,经劈、启、揉、匀等多道工序,制成细如发丝的柔软竹丝,经烤色、染色,再按茶具内胎形状、大小编织嵌合,使之成为整体如一的茶具。

竹编茶具不但色调和谐、美观大方,而且能保护内胎,减少茶具损坏,泡茶后不易烫手,既是一种工艺品,又富有实用价值。人们购置竹编茶具,一般不在其用,而重在摆设和收藏。

第五章

品茗用水知识

第一节 品茗与用水的关系

"水为茶之母",泡茶不能离开水,好茶要通过水的冲泡才能以一杯茶汤的形式呈现出来,从而被人们享用,水质的好坏往往能直接影响茶汤的质量。从古至今,但凡提到茶事,总是将茶与水联系在一起。中国传统的茶艺历来认为泡茶的水质十分重要,茶叶的色、香、味都要靠水才能得以展现。有好茶,无好水,则难得真味。

一、水质分类

现代科学研究证明,水有软水和硬水之分。人们在选择泡茶用水时,要对水的软硬度与茶汤品质的关系进行了解。因为,不同的水质对茶汤有不同的影响,而对茶汤品质有重要影响的两个重要因素是水的软硬度和pH值的大小。

1. 硬水

每升水中钙、镁离子的含量大于8毫克,称为硬水。硬水包括泉水、江河水、溪水、自来水和一些地下水。用硬水泡茶,茶汤发暗,滋味发涩。由于硬水中含有大量矿物质,使茶叶有效成分的溶解度降低,导致茶味偏大,而且水中的一些矿物质与茶发生作用,也对茶汤品质产生了不良影响。水的硬度还会影响茶汤的酸碱度,进而影响茶汤的颜色和滋味。

（1）暂时硬水。暂时硬水的硬度是由碳酸氢钙与碳酸氢镁引起的，经煮沸后可被去除，这种水称为暂时硬水。实践证明，用暂时硬水泡茶有损茶汤的滋味。但是，在饮用水条件有限的情况下，只要将水静置一段时间或者煮沸后再来泡茶，同样也能冲泡出一杯相对好喝的茶汤。

（2）永久硬水。永久硬水是指经过煮沸处理也不能软化的水。永久硬水中的钙、镁、铁等离子与硫酸根离子及氯离子共存，生成溶解性盐从而不能沉淀分离，即不能变成软水。永久硬水不宜用来泡茶。

2. 软水

每升水中钙、镁离子的含量小于8毫克，称为软水。用软水泡茶，茶汤明亮，滋味鲜爽，所以软水适宜泡茶。软水中所含的溶解物质少，茶中的有效成分能迅速溶出，溶解度高，因此茶味浓厚。

大部分硬水经高温煮沸，水中部分钙镁离子会转化为水垢，使硬水变为软水。平时用铝壶烧开水，壶底上的白色沉淀物质就是碳酸盐。

目前，泡茶常用的软水是经过人工加工处理过的蒸馏水和纯净水，这些水由于经过加工成本较高，价格较贵，因而切实可行的办法是将硬水加工成软水。例如，将自来水煮沸后饮用的办法费用不高，效果颇佳，操作起来也方便可行，是一般大众首选的软化水的方法。

二、名泉

1. 名泉的概念

名泉是指来自大自然界中，能被大众所认可，且有一定知名度的山泉。

2. 名泉的特点

（1）水质：活、清、轻。"活"是指水源要活，如山涧流动的山泉。"清"是指水质要清，要求无杂质、无色、透明、无沉淀物。"轻"是指水体要轻，水的比重越大，说明溶解的矿物质就越多。

（2）水味：甘、冽。"甘"是指水味要甘甜，入口之后，舌尖顷刻便会有甜滋滋的感觉，咽下去后，喉中也有甜爽的回味。"冽"即冷寒之意，因寒冽之水大多出于地层深处的泉脉之中，受污染的机会较少，泡出来的茶汤滋味醇正。

3. 古今名泉

中国历代名人学者为名泉好水做出了判定，为后人对泡茶用水的研究提供了非常丰富的历史资料。

（1）"七水""二十水"之说。张又新《煎茶水记》书中提到刘伯刍所品七水："扬子江南零水第一，无锡惠山寺石泉水第二，苏州虎丘寺石泉水第三，丹阳县观音寺水第四，扬州大明寺水第五，吴松江水第六，淮水最下第七。"

《煎茶水记》书中还提到陆羽曾品评二十水："庐山康王谷谷帘泉第一；无锡县惠山寺石泉水第二；蕲州兰溪石下水第三；峡州扇子山下有石突然，泄水独清冷，状如龟形，俗云蛤蟆口水第四；苏州虎丘寺石泉水第五；庐山招贤寺下方桥潭水第六；扬子江南零水第七；洪州西山西东瀑布水第八；唐州柏岩县淮水源第九，淮水亦佳；庐州龙池山岭水第十；丹阳县观音寺水第十一；扬州大明寺水第十二；汉江金州上游中零水第十三，水苦；归州玉虚洞下香溪水第十四；商州武关西洛水第十五，未尝泥；吴松江水第十六；天台山西南峰千丈瀑布水第十七；郴州圆泉水第十八；桐庐严陵滩水第十九；雪水第二十，用雪不可太冷。"

（2）"七十二泉"之说。世人常以七十二名泉，描述古城济南泉水之多。七十二泉之说来源于《齐乘》一书记载的金代《名泉碑》，有趵突、百脉、黑虎、金线、皇华、柳絮、卧牛、漱玉、无忧、石湾、酒泉、湛露、满井、散水、溪亭、濯缨、灰泉、知鱼、朱砂、刘氏、登州、望水、浅井、马跑、香泉、鉴泉、杜康、金虎、黑虎、东蜜脂、西蜜脂、孝感、玉环、罗姑、混沙、灰池、南珍珠、芙蓉、滴水、灰湾、悬清、双桃、温泉、汝泉、龙门、染池、悬泉、都泉、柳泉、车泉、炉泉、白虎、甘露、林汲、白泉、金沙、白龙、花泉、独孤、醴泉、浆水、苦苣、熨斗、鹿泉、龙居等。

（3）"天下十大名泉"之说。天下十大名泉是"茶圣"陆羽在游历大江南北，访遍天下名泉后，根据所品泉水特色，评选出了天下十大名泉。它们分别是：天下第一泉——江西庐山的谷帘泉，天下第二泉——江苏无锡惠山寺石泉水，天下第三泉——湖北浠水县兰溪石下水，天下第四泉——江西上饶陆羽泉，天下第五泉——江苏扬州大明寺水，天下第六泉——江西庐山招隐泉，天下第七泉——安徽蚌埠白乳泉，天下第八泉——南昌湾里"洪崖瀑布"，天下第九泉——鄂豫交界桐柏山的淮水源，天下第十泉——安徽六安龙池水。

（4）"天下第一泉"之说。天下第一泉有七处，分别是庐山的谷帘泉、镇江的中泠泉、北京的玉泉、济南的趵突泉、峨眉山的玉液泉、安宁的碧玉泉和敦煌的月牙泉。

第二节　品茗用水的分类

品茗用水分为天水、地水和再加工水。

一、天水

古人称用于泡茶的雨水和雪水为天水,也称天泉。用这些天然水泡茶应该注意水源、环境、气候等因素。

1. 雨水

雨水是比较纯净的,虽然雨水在降落过程中会碰上尘埃、二氧化碳等物质,但含盐量和硬度都很小,历来就被用来煮茶。另外,空气洁净时下的雨水,也常用来泡茶,但因季节不同而有很大差异。秋季,天高气爽,尘埃较少,雨水清冽,泡茶滋味爽口回甘;梅雨季节,和风细雨,温湿度有利于微生物滋生,雨水用来泡茶品质较次;夏季,雷阵雨常伴飞沙走石,水质不净,雨水用来泡茶茶汤混浊,不宜饮用。

2. 雪水

雪水历来受到古代文人和茶人的喜爱。唐代白居易《晚起》中的"融雪煎香茗",宋代辛弃疾词中的"细写茶经煮香雪",元代谢宗可《雪煎茶》中的"夜扫寒英煮绿尘",清代袁枚有"就地取天泉,扫雪煮碧茶",清代曹雪芹《红楼梦》中"扫将新雪及时烹"等,都是描述用雪水烹茶的。尤其《红楼梦》"贾宝玉品茶栊翠庵 刘姥姥醉卧怡红院"一回,将取雪烹茶描绘得更加有声有色。说的是贾母带了刘姥姥等人至栊翠庵,要妙玉拿好茶来饮。妙玉用旧年蠲的雨水,泡了一杯"老君眉"给贾母。随后妙玉拉宝钗、黛玉进了耳房去吃"梯己茶",宝玉也悄悄跟了来。妙玉用梅花上的雪水,泡茶给他们品,"宝玉细细吃了,果觉轻淳无比,赞赏不绝"。黛玉问妙玉:"这水也是旧年的雨水?"妙玉回答:"……这是……收的梅花上的雪,……"乾隆皇帝也曾有"遇佳雪,必收取,以松实、梅英、佛手烹茶,谓之三清"的记载。可见,乾隆对雪水是颇有好感的。

二、地水

在自然界中,山泉、江、河、湖、海、井水统称为"地水"。

1. 泉水

明代《茶笺》一书认为"山泉为上,江水次之"。泉水水源多出自山岩壑谷或地层深处。流出地面的泉水经多次渗透过滤,水质一般比较稳定,所以有"泉从石出情宜冽"之说。但是,在渗透过程中泉水溶入了较多的矿物质,它的含盐量、硬度等就有较大的差异。所以,不是所有的泉水都是上等的,有的泉水如硫黄矿泉水甚至不能饮用。

《茶经》还指出"其山水，拣乳泉，石池漫流者上"。这是说，从岩上石钟乳滴下，在石池里经过沙石过滤的而且是缓慢流动的泉水为最好。泉水，清澈宜茶。古人有不少茶诗都吟咏了泉水，如宋代《赏茶》中"自汲香泉带落花，漫烧石鼎试新茶"，蔡廷秀《茶灶石》中"仙人应爱武夷茶，旋汲新泉煮嫩芽"，都是清新绝佳的咏泉诗作。

2. 江、河、湖水

江、河、湖水均为地面水，所含矿物质不多，通常有较多杂质，混浊度大，受污染较重，情况较复杂，所以江水一般不是理想的泡茶用水。但我国地域广阔，有些未被污染的江河湖水澄清后用于泡茶，也很不错。

宋代诗人杨万里曾写诗描绘船家用江水泡茶的情景，诗云："江湖便是老生涯，佳处何妨且泊家，自汲松江桥下水，垂虹亭上试新茶。"明代许次纾《茶疏》中说："黄河之水，来自天上，浊者土色也。澄之既净，香味自发。"说明有些江河之水，尽管混浊度高，但澄清之后，仍可饮用。通常靠近城镇之处的江河水易受污染。《茶经》中提到："其江水，取去人远者。"也就是到远离人烟的地方去取江水。千余年前况且如此，如今环境污染更为严重，因此许多江水需要经过净化处理后才可饮用。

3. 井水

井水属于地下水，是否适宜泡茶，不可一概而论。有些井水水质甘美，是泡茶好水，如北京故宫博物院文华殿东的"大庖井"，曾经是皇宫里的重要饮水来源。但是，一般浅层地下水易被地面污染，水质较差，所以深井比浅井好。城市里的井水受污染多，多咸味，一般不宜泡茶；而农村井水受污染少，水质好，适宜饮用。

三、再加工水

1. 自来水

凡能达到我国饮用水卫生标准的自来水，都可以用来泡茶。自来水为最常见的生活饮用水，属于加工处理后的天然水，为暂时性硬水。自来水因其含有较多的氯气，饮用前需静置于清洁容器中一段时间，待氯气挥发，然后煮沸泡茶，水质还是可以达到要求的。

2. 纯净水

纯净水指的是不含杂质的水，简称净水或纯水，是纯洁、干净、不含有杂质或细菌的水。纯净水通过电渗析法、离子交换器法、反渗透法、蒸馏法及其他适当的加工方法制得，不含任何添加物，无色透明，可直接饮用。

3. 矿物质添加水

矿物质添加水一般以城市自来水为原水，经过净化加工、添加矿物质、杀菌处理后灌装而成。也就是说，所谓矿物质添加水，就是先把自来水加工成纯净水，再添加氯化钾等食品添加剂勾兑出来的。不同的企业添加的矿物质及含量不同，如果添加过多，或长期大量饮用这种含有添加剂的所谓矿物质添加水，很可能会对健康造成不良影响。

现在除了选择天然的山泉水泡茶之外，还可以选择瓶装水、矿泉水，后者原料取自山泉，运用了现代工艺技术进行灭菌处理，通过食品安全检测，再灌装销售。

第三节　品茗用水的选择方法

一、水质对品茗的影响

在选择泡茶用水时，要尽量使用适合于泡茶的软水。因为软水中的钙、镁离子含量较低，有利于茶叶有效物质浸出。在自然界，雪水、雨水以及人工加工而成的纯净水、蒸馏水是软水；而泉水、江水、溪水、湖水、井水等水源中有一部分是软水，另外一部分是硬水。由于现代工业排出的废水和废气造成环境污染，使泉水、江水、溪水、湖水、井水都受到了不同程度的污染，因此不适合直接泡茶；而雨水和雪水，虽然未曾落地，也因受大气污染而含有大量的尘埃和其他溶解物，因此也不适合直接用于泡茶。明代张源在《茶录》中明确指出："茶者水之神，水者茶之体。"不同的水质对茶汤有不同的影响。

1. 对茶味的影响

水的软硬度对茶味的影响至关重要。软水所含的其他溶质少，而且溶解度高，茶味也就浓厚；硬水由于含有大量矿物质，如钙、镁离子等，有效成分的溶解度低，因此茶味偏大，而且水中的一些物质会与茶发生作用，对茶味产生不良影响。

2. 对汤色的影响

水的软硬度还会影响到水的酸碱度，从而影响茶汤的颜色。

3. 对溶解有效成分的影响

水的软硬度会影响茶叶有效成分的溶解度。软水含其他溶质少，茶叶有效成分的溶解度高。而硬水含有较多的钙镁离子和矿物质，茶叶有效成分的溶解度低。由此可见，泡茶用水以选择软水或暂时硬水为宜。

二、古人对泡茶用水的认识

茶叶必须通过水的冲泡才能被人们所享用，水的好坏直接影响茶汤的色、香、味。杭州的"龙井茶、虎跑水"俗称杭州"双绝"。"扬子江心水，蒙顶山上茶"闻名遐迩。佳茗须有好水匹配，方能相得益彰。

古人对水的认识及选择，在不少古籍茶书中有专门记载和论述。古人品茗，必到野外，寻好泉，找好茶。

古往今来，但凡提到茶事，总是将茶与水联系在一起。

1. 唐代

关于宜茶之水，早在陆羽所著的《茶经》中便曾详加论证。他说："其水，用山水上，江水中，井水下。其山水，拣乳泉、石池漫流者上；其瀑涌湍漱，勿食之，久食令人有颈疾。又多别流于山谷者，澄浸不泄，自火天至霜郊以前，或潜龙蓄毒于其间，饮者可决之，以流其恶，使新泉涓涓然，酌之。其江水，取去人远者；井水，取汲多者。"陆羽对水的要求，首先是要远市井，少污染；重活水，恶死水。故其认为山中乳泉、江中清流为佳。而沟谷之中，水流不畅又在炎夏者，有各种毒虫或细菌繁殖，当然不宜饮。而究竟哪里的水好、哪里的水劣，还要经过茶人反复实践与品评。其实，陆羽早在著《茶经》之前，便十分注重对水的考察研究。

《唐才子传》记载，他曾与崔国辅"相与较定茶水之品"。崔国辅早在天宝十一年便到竟陵为太守，此时的陆羽刚及弱冠，可见陆羽此时已开始在研究茶品的同时注重研究水品。

有了陆羽好的开头，后代茶人对水的鉴别一直十分重视，以至于出现了许多鉴别水品的专门著述。最著名的有唐代张又新《煎茶水记》。至于其他茶学专著中也大多兼有对水品的论述。

2. 宋代

宋代大诗人苏东坡《汲江煎茶》中有"活水还须活火烹，自临钓石取深清"，宋代唐庚《斗茶记》中有"水不问江井，要之贵活"，民族英雄文天祥有"扬子江心第一泉，南金来此铸文渊。男儿斩却楼兰首，闲品茶经拜羽仙"的诗句。另外，北宋蔡襄《茶录》中指出"水泉不甘，能损茶味"，宋代欧阳修的《大明水记》、宋人叶清臣的《述煮茶小品》等，都是对泡茶用水的描述。宋代斗茶强调茶汤以白取胜，注重山泉之清者。

而济南之趵突泉，早在郦道元于北魏时期所著的《水经注》中即有记述，后经《老残游记》的艺术渲染，更吸引多少名士和游人前来观赏品味。

3. 明代

明代田艺蘅《煮泉小品》中认为"味美者曰甘泉，气芳者曰香泉"，强调了品茶之水在于甘，只有甘美之水才能烹出茶味。云南安宁碧玉泉，据说为明代著名地理学家徐霞客认定的"天下第一泉"。此泉为温泉，景既奇，水又甘，故可烹茶，徐氏认为其"虽仙家三危之露，伟地八功之水，可以驾称之，四海第一汤也"。最为著名的是，明代张大复在《梅花草堂笔谈》中提出："茶性必发于水，八分之茶遇水十分，茶亦十分矣；八分之水试茶十分，茶只八分耳。"说明茶的色、香、味都是借水性而发，告诉我们如要享受茶汤的香醇美味，水的选择是极其重要的，直接影响了茶汤的品质、香气和滋味。

4. 清代

酷爱喝茶的乾隆皇帝对水质也有自己的独到见解。他曾游历南北名山大川，每次出行常令人特制银质小斗，严格称量每斗水的不同重量。最后得的结果是北京西郊玉泉山和热河（今承德地区境内）水质最轻，皆斗重一两，而济南珍珠泉斗重一两二厘，扬子江金山泉斗重一两三厘。有无更轻于玉泉山者，乾隆说："有，及雪水也。"但雪水不易恒得，故乾隆以轻重为首要标准，认为京西玉泉山为天下第一泉。不论其确切与否，这也算一种观点。玉泉山被称为"天下第一泉"，其实不仅因为泉水水质好，一是乾隆皇帝偏爱；二是京师当时多苦水，明清宫廷用水每年取自玉泉；三是玉泉山景色当时确实幽静佳丽。当时玉泉位于玉泉山南麓，泉水自高处"龙口"喷出，琼浆倒倾，碧水清澄如玉，故得"玉泉"之名。可见，被视为好水者，除水品确实高美外，与茶人的审美情趣有很大关系。

三、现当代对品茗用水的要求

随着现代文明的发展，人类无视生态的平衡，对大自然进行破坏，江水、井水等水资源被污染，导致很多不能直接饮用，就更别说泡茶了。

由于环境和生活节奏的改变，现代人一般选用方便、洁净的自来水、纯净水、矿泉水泡茶。为了提高茶汤的品质，如选用自来水，需设法去除氯气；选用矿泉水，则应选择钙、镁离子含量少的软水。

用感官择水，现代饮用水的标准是无色、透明、无沉淀、不含有害的微生物和其他物质、无异味。

1. 现代鉴水标准

现代人在选择泡茶用水时，有条件的可以通过测定水的物理性质和化学成分来鉴定水质。鉴定水质常用的主要指标是：

（1）悬浮物含量。悬浮物含量是指经过过滤后分离出来的不溶于水的固体混合物的含量。

（2）溶解固形物含量。溶解固形物含量是指水中溶解的全部盐类的总含量。

（3）硬度。硬度通常是指天然水中最常见的钙、镁离子的含量。

（4）碱度。碱度指水中能与强酸发生中和作用的物质的总量。

（5）pH 值。pH 值表示溶液酸碱度。

如没有条件进行检测，应选用清洁、无色、无味的水泡茶，现代城市中很容易购得的矿泉水、纯净水都是上好的泡茶用水，被广大的茶艺馆经营者所青睐。

2. 现代品茗用水选择

现当代品茗用水选择必须符合国家饮用水的卫生标准，以软水泡茶为好。另外，在选水用水过程中应把握"生态、节能"的原则。

（1）矿泉水。矿泉水中含有锂、锶、锌、硒、溴化物、碘化物、偏硅酸、游离二氧化碳和溶解性总固体。人们一般会认为，矿泉水是最好的泡茶用水，但事实上市场上销售的矿泉水并非全是软水，其中有一部分属于硬水。所以，最好选择钙、镁离子含量小于 8 毫克/升的软水来泡茶。

（2）纯净水。用纯净水泡茶，能较好地使茶汤呈现出其应有的滋味和香气，但是纯净水并不适合长期用来泡茶。因为纯净水在净化过程中，在消除有害物质的同时，也除去了人体所需的矿物质和微量元素。更值得注意的是，用纯净水泡茶，茶叶中的有益物质不但不能被人体吸收，还会部分流失。所以不要经常使用纯净水泡茶，偶尔选用清洁的自来水泡茶也是不错的。

（3）矿物质添加水。矿物质添加水中含有多种矿物质，有益有弊。泡茶时如果水中铁离子含量大于 0.5‰，就会使茶汤变色呈褐色，茶里面的茶多酚和氯化物通过作用效果会在茶汤表面产生"锈油"，使茶叶中的多酸类物质氧化，影响汤色，破坏茶味，让茶汤有苦涩味。

因此选用矿物质添加水泡茶应视情况而定，如果矿物质含量过高建议不直接用来泡茶，而是经过过滤或者净化处理后再使用。

（4）桶装水。桶装水是采用城市自来水为原水，再经过净化处理后的纯净水，或者进行再添加的再加工水，采用桶装的方式便于运输和储存。

用桶装水来泡茶，出汤较慢，且桶装水含氧量较低，缺乏活性，所以冲泡茶叶时香气表现不充分，影响茶水口感，泡出的茶汤效果不好。但它的优点是方便实用，在条件允许的情况下最好不要用桶装水泡茶。

第六章

茶艺基本知识

第一节　品饮要义

茶艺按照狭义的理解即是泡茶及品茗的技艺。要想品到一杯好茶，首先要泡好一杯（壶）茶，而要泡好一杯（壶）茶，则需要掌握几个要点：选茶、择水、备具、冲泡、品赏、茶人、礼仪、雅境。

一、选茶

选茶即选好茶叶，但好茶的标准却因个人口味偏好和季节的不同，难以下绝对的定义。例如，有人喜欢喝清醇的绿茶，有人喜欢喝馥郁的乌龙茶，有人喜欢喝甘香的花茶，有人喜欢喝厚滑的普洱茶。饮茶者各有各的爱好，各有各的追求。除去个人口味偏好和季节的不同，一般来说，好茶还是有客观标准的。

1. 外形

从茶叶外形来看，必须达到整齐划一，色泽、大小、长短都要一致。茶叶外表形状，大体有长圆条形、卷曲形、扁条形、针形、花叶形、颗粒形、圆珠形、砖形、饼形、片形、粉末形等。如果长短不一、色泽各异，可能是采制时粗制滥造造成，或是零售商掺进低劣的茶叶，以此牟利。此外，还要观察茶叶的色泽，好的茶叶都带有油润的光泽，如果储存时间过长或处理不当，就会使茶叶颜色暗淡。

2. 杂质

好茶是干净匀整的，如果发现茶叶中夹有制茶后挑选不严遗留的杂物，如茶果（小如绿豆）、枝梗、沙粒、石屑等，就算不得好茶。

3. 香气

好茶具有一股清幽宜人的香气，或淡雅，或浓烈，闻之使人神闲意远。爱茶者认为好茶之香胜过花木之香。好茶的香气要求有丰富多彩的变化，有高雅脱俗的气质，有深厚的内涵，有和谐的层次。如果达到这些要求，那么无论属于何种类型的香气，都具有欣赏和回味的价值。

干茶的香气、茶叶经开水冲泡后散发出来的香气，都与鲜叶含的芳香物质及制法有关。鲜叶中含芳香物质约50种，绿茶含100多种，红茶中含300多种。按香气类型可分为毫香型、嫩香型、花香型、果香型、清香型、甜香型等。到茶叶店买茶，要注意茶叶的香气。因为任何品种的茶叶都带有香气，如果闻到了霉湿之气，说明茶叶已经开始变质。

4. 时间

如果是已经包装好的茶叶，先要看纸盒和金属罐上的标签，生产日期最好不要超过半年。没有标签的则看纸盒的边角是否残破，金属罐的底部是否带有锈迹或墨点，有此现象都不应选购。

二、择水

茶叶必须通过开水冲泡才能供人们享用，水质直接影响茶汤的质量，所以中国人历来非常讲究泡茶用水。

1. 水质

至于用什么水来泡茶，古人历来提倡用山上的泉水泡茶。陆羽《茶经》指出："其水，用山水上，江水中，井水下。"杭州虎跑泉、无锡惠山泉、庐山谷帘泉等，都是历史上有名的泉水。在没有泉水的情况下，只好用井水，只要周围环境清洁卫生，深而多用的井水，用来泡茶也是不错的。此外，雨水和雪水，江河湖泊中的活水，都可用来泡茶。自来水因含有较多的氯气，需要储存在水缸和水桶中过夜，待氯气挥发后，再煮沸泡茶，或者适当延长煮沸时间，然后泡茶。现在有些茶艺馆也有用矿泉水、纯净水来泡茶的，效果也不错。

2. 用火

与水密切相关的是用火。古人主张"活火仍须活水烹"，所谓活火，即炭火之有焰者。现在城市里木炭不易购到，电壶（也称随手泡）和酒精灯茗炉已成为主要的烧水器具，它具有清洁卫生、简单方便的优点，又能达到活火急烧的要求，因而受到欢迎，在各茶艺馆中被普遍采用。

三、备具

要冲泡茶叶，必须有泡茶器具，这是不言而喻的。但到底需要备有什么样的器具，要视具体情况而定。

1. 品饮的场合

根据场合选择是在家里独饮还是待客，是三五知己品茗聊天，还是聚会商谈要事。如果是一人独饮，随个人爱好，需要什么茶具就用什么茶具，有的人独饮时甚至连茶杯都不用，直接对着壶嘴啜饮。如果待客，就要选用可供宾客鉴赏的器具和根据宾客口味选择的上好茶叶，两者相得益彰，使人在品茗过程中得到美的享受。如果是多人聚会商谈要事，注意力不在茶上，要求可以适当降低些。但是在茶艺馆里，则一律要求提供给宾客的都是档次较高的茶具，并且要配套，不能随便拼凑组合。

2. 品茶的人数

根据品茶的人数选择泡茶壶的大小，4人以下可用标准壶泡茶，4人以上则要选用较大的茶壶，茶叶的投放量也要相应增加。

3. 茶类的要求

根据所选茶叶的不同，茶具当然也不相同。通常饮用普通绿茶可用浙江的龙泉青瓷杯或景德镇青花瓷盖杯。饮用上等名茶（特别是明前或雨前绿茶）则用无花纹玻璃杯或景德镇白瓷、龙泉青瓷敞口杯，以便观赏茶芽的优美形态和碧绿晶莹的茶汤。饮用红茶可用广州织金彩瓷盖杯或壶，也可用宜兴紫砂壶或涂白釉的紫砂杯。饮用乌龙茶则要求使用广东潮州工夫茶具或福建乌龙茶具。现在一些城市里的茶艺馆流行港台冲泡乌龙茶的工夫茶艺，其要求比较严格，茶具讲究实用、便利，其次才追求美观。茶具或典雅，或古朴，或现代，各有韵味，不需追求奢华高贵，更不要红红绿绿、奇形怪状，否则有喧宾夺主之嫌。

四、冲泡

冲泡是茶艺最关键的环节，能否把茶叶的最佳状态表现出来，全看冲泡的技巧掌握得如何。

冲泡不同的茶叶，要使用不同的茶具，其泡法也不相同。但是有几个环节却是在绝大多数茶叶冲泡过程中要共同做到的，其要求大体相同。

1. 备具
根据即将冲泡的茶叶和饮茶人数，将茶器具摆放在茶桌上。

2. 煮水
根据茶叶品种及水质的选择，将水烹煮至所需温度，或是将水煮沸后再晾至所需的温度。

3. 备茶
从茶罐中取适量茶叶至茶荷中备用，如果选用的是外形美观的名茶，可让品茗者先欣赏茶叶的外形和闻干茶香。如不需赏茶，也可以从茶罐中取茶直接入壶（杯）。

4. 温壶（杯）
用开水注入茶壶、茶杯（盏）中，以提高壶、杯（盏）的温度，同时使茶具得到再次清洁。

5. 置茶
将待冲泡的茶叶置入壶或杯中。

6. 冲泡
将温度适宜的开水注入壶或杯中，如果冲泡重发酵或茶形紧结的茶类，如红茶、乌龙茶、黑茶等，第一次冲水数秒钟后立即将茶汤倒掉，称为温润泡（也称洗茶），如果是名优、有机、无公害的新茶，温润泡的茶汤也可品饮。温润泡是让茶叶有一个舒展的过程，然后将开水再次注入壶中，稍等片刻，即可将茶汤倒出。

7. 奉茶
无论何种泡茶方法，最终泡茶人都要将盛有香茗的茶杯奉到品茗人面前，一般应双手奉茶，以示敬意。

8. 收具
品茶活动结束后，泡茶人应将茶杯收回，壶（杯）中的茶渣倒出，将所有茶具清洁后归位。

以上是共性，但不同的茶叶和茶具，其冲泡方法各有特点，不尽相同，我们将在后面的冲泡技巧中再作具体讲述。

五、品赏

品茶与喝茶不同。喝茶主要是为了解渴，品茶则是为了追求精神上的满足，重在意境。将饮茶视为一种艺术欣赏，要细细品味，徐徐体察，从茶汤美妙的色、香、味、形得到审美的愉悦，引发联想，从不同角度抒发自己的情感。

一杯茶汤至少可从三个方面去欣赏：一赏茶色，二闻茶香，三品茶味。

1. 赏茶色

（1）茶的汤色。赏茶色主要是观察茶汤的颜色和茶叶的形态。冲泡后，茶叶几乎恢复到自然状态，汤色也由浅转深，晶莹澄清。各类茶叶，各具特色，即便是同类茶叶也有不同的颜色。例如，绿茶汤色就有浅绿、嫩绿、翠绿、杏绿、黄绿之分，以嫩绿、翠绿为上品，黄绿为下品；红茶汤色有红艳、红亮、深红之别，以红艳为好；黄茶汤色有杏黄、橙黄之分；乌龙茶汤色有金黄、橙黄、橙红、橙绿之分。

（2）茶的形态。茶叶的形状也是千差万别、各有风致，特别是一些名优绿茶，嫩度高、加工考究、芽叶成朵，在碧绿的茶汤中徐徐伸展、亭亭玉立、婀娜多姿，令人赏心悦目。有的芽头肥壮，芽叶在水中上下浮沉，最后簇立于杯底，犹如枪戟林立，让人好像回到茶林之中，重沐茶乡春光。

（3）茶汤的明亮度。茶汤的明亮度以清澈明亮为最好（清澈指无沉淀、无浮游物，明亮指有光泽），灰暗最差，混浊不佳。

在饮茶之前，先将茶汤审视一番，好好欣赏一下，是懂得品茶的表现，切勿接过茶杯，未加观察就一口吞下。

2. 闻茶香

（1）茶类闻香。好茶的香气自然醇正，闻之沁人心脾，令人陶醉；低劣的茶叶则有股烟焦味和青草味，甚至夹杂馊臭味。

绿茶带有兰花香；红茶带有花果香；小种红茶则带有干果香（枣香、桂圆香）；祁门红茶具有玫瑰香；武夷岩茶因原料较老含梗较多，制造时火工足，糖类焦糖化而形成一种火香；乌龙茶则属于花香型，散发出各种类似鲜花的香气，又可分为清花香和甜花香两种；花茶因窨制用花不同，各具独特的花香，如茉莉花香、珠兰花香、米兰花香、白兰花香、玫瑰花香、栀子花香、桂花香等。

以上只是大概而言，并非绝对，如有些轻发酵的乌龙茶（特别是台湾地区出产的高山茶）就具有绿茶的清香，与铁观音、大红袍等有明显的区别。

（2）芳香物质闻香。茶叶香气是由多种芳香物质综合而成的，不同的茶叶就有不同的香气，泡成茶汤后，会出现清香、栗子香、果味香、花香等，仔细辨认，兴味无穷。一般而言，原料细嫩、制作精良的名优绿茶，具有清香型（香气清纯，缓缓散发，令人有愉快感）和嫩香型（香气高洁细腻，新鲜悦鼻，有的似熟板栗、熟玉米香）的香气。

总之，嗅闻茶香是品尝茶叶最难的一环，需具备一些常识，细心品尝，并经过长期的实践才能掌握。

3. 品茶味

嗅闻茶汤的香气之后，就可开始品尝茶汤的滋味。与茶的香气一样，茶的滋味也是复杂多样的，外行人一时难以体会。不论何种茶叶泡出来的茶汤，初入口时，都有或浓或淡的苦涩味，但咽下之后，很快就口里回甘，韵味无穷。这是茶叶中所含化学成分刺激口腔各部位感觉器官（其中最主要的是舌头）的作用。

茶叶中对味觉起主导作用的物质是茶多酚（包括儿茶素及各种多酚类物质）、氨基酸，起辅助作用的是咖啡碱、还原糖等化合物；红茶中还有茶黄素和茶红素等物质。在不同的条件下，这些物质的含量与组成比例的变化，表现出不同茶类的滋味特征。

茶汤入口之后，舌面上的味蕾受到各种呈味物质的刺激而产生兴奋波，经由神经传导到中枢神经，经大脑综合分析后产生不同的滋味感。舌头各部位的味蕾对不同滋味的感受不一样，如舌尖易感受甜味，舌面对鲜味最敏感，近舌根部位易辨别苦味。所以，茶汤入口后，不要立即下咽，而要在口腔中停留，使之在舌的各部位打转，充分感受茶中的甜、酸、鲜、苦、涩五味，才能充分欣赏茶汤的美妙滋味。

六、茶人

"茶人"一词源自唐代白居易《谢李六郎中寄新蜀茶》中"不寄他人先寄我，应缘我是别茶人"。茶人实际上是包括喝茶、生产、销售、鉴别、文化、爱茶等各个方面人员的统称。而在品茗过程中，人们所说的"茶人"主要是泡茶人和饮茶人。

1. 泡茶人

人是茶艺最根本的要素，也是主导要素。在茶艺演示过程中，人之美主要表现在两个方面：一是外在表现出来的可见的仪表美；二是非直接可见但体现于各方面的心灵美。仪态美是指茶艺者形体、服饰、发型等综合的美。得体的服饰、发型能够有效地衬托茶艺演示的主题，与茶具相协调，并使观众尽快进入特定的饮茶氛围，理解、认同茶艺。例如，禅茶演示以着禅衣为宜，白族三道茶演示则宜选用具有白族特色的服装；男士的茶服以青色、灰色、黑色居多，宽松自然，上衣为长衫或对称式搭扣盘领衫，裤子一般色调较深。又如，个性化的发型不适宜于传统的茶艺内容。

2. 饮茶人

苏东坡在扬州石塔寺试茶时，曾说"坐客皆可人，鼎器手自洁"，所谓可人的坐客就是指与自己爱好相投的人。又说"饮非其人茶有语"，意为如果茶能说话，会对不适当的茶侣提出抗议。文人心中的茶侣往往都是超然物外的高人，如徐渭《煎茶七类》中的"茶侣。翰卿墨客，缁流羽士，逸老散人或轩冕之徒，超然世味者"。在他看来，一起喝茶的人应是人品高洁之士，那些名利之徒是不配一起喝茶的。

明代茶人陆树声作《茶寮记》，在论述茶品之前先论人品，将"人品"列为第一。

其中提及人品与茶品的关系:"煎茶非漫浪,要须其人与茶品相得。故其法每传于高流隐逸,有云霞泉石、磊块胸次间者。"又说:"凉台静室,明窗曲几,僧寮道院,松风竹月,晏坐行吟,清潭把卷。"唯文人雅士与超凡脱俗的逸士高僧,在松风竹月、僧儒道院之中品茗赏饮,才算是与茶品相融相得,才能品尝到真茶的趣味。

人与人、人与自然万物是和谐一体的。所谓"物我两忘,栖神物外",其实说的是一种人与人、人与自然和谐统一的最高境界。品茶作为一种艺术修养,也是以主客体的相合统一作为最高境界,因此对环境的选择、对人品的挑剔都是圆满完成品茶艺术的必要手段。

七、礼仪

一个人的仪容仪态是其修养和文明程度的表现。礼仪在茶事服务中占有重要的地位。茶艺师的身体姿态和行为举止是表达内心世界的一个重要窗口,它比口头语言的作用更深刻、更亲切、更有说服力。在日常工作和服务中,茶艺师通过端正的仪态来传达茶艺精神,因此仪态及服务礼仪的学习和训练对茶艺师而言是非常重要的。茶艺师除了要提高自身内在修养,还要在日常生活中对行为举止进行形体训练才能拥有优雅的姿态。礼仪接待贯穿茶事服务的全过程。在各个环节的服务中,礼仪接待得到具体的体现与落实,茶艺师才能最大限度地为宾客提供优质服务。

1.姿态

茶艺师坐、站、行、施礼的身体姿势与仪态都关系到礼仪的要求。茶艺从本质上也是礼法的美好展示,是茶道高雅精神的具体体现。茶艺中有多种施礼方式,现代较为熟悉的是鞠躬礼,古代的拱手、作揖在茶艺中也有呈现。茶艺礼仪要与人的真实情感和恭敬态度紧密结合起来。茶艺师要有一颗真诚、正直的心,才能展示出发自内心虔诚恭敬的礼仪。

茶艺师对自己身体姿势的选择和控制,也可以有活泼、端庄、宁静、热情等不同风格。只是,在茶艺师的手接触到茶具、茶席的那一瞬间,茶艺师所有的气息、情感、精神都要依附在茶具上,目光要缓和,气息要平稳,达到心技一体的境界。此时茶艺师的身体姿态要顺势而动,自然真实。有的茶艺师注水冲泡时,不自觉地低头或歪头去看注水情况,这就破坏了整体的韵律感和画面的美感。

2.动作

茶艺动作的每一个步骤、冲泡时每拿一件器具都有严格的规范,主要是手的动作。首先是归位,所有的冲泡器具都有规定的位置,要严格按照规定要求摆放,冲泡时才能得心应手。其次是规范,冲泡时动作要符合要求,表达准确,认真严谨地完成所有程序。最后是恭敬，对宾客态度要恭敬，对茶也要有恭敬虔诚之心。另外，手的动作还表现出了不同茶艺流派的特征。有的是兰花指，有的是并指，所体现出的分别是活泼与端庄两种不同风格。有的流派提出，用左手持水壶，用右手持茶壶，这样能使人体均衡。而另外有流派认为，冲泡时要以右手为主、左手相辅，有侧重点，这才是均衡。无论左手还是右手都涉及了手的动作习惯性，并且直接影响到茶具的摆放位置。因此，茶艺师在开始学习时，要确定方向和方法，形成适合自己的习惯。待技能都非常熟练时，茶艺师也可以尝试不同流派的冲泡方法。本书统一为右手原则，即沏茶时以右手为主、左手为辅，泡茶的器具方向均朝左。

3. 茶礼

端杯、奉茶体现出对茶汤和宾客的尊敬，是茶艺作品的最后呈现，这个步骤很关键。因为有茶汤呈现，所以要注意的是，茶汤要安全地递送给宾客。而主宾之间礼节的完美也是能使情感交流的关键。奉茶时距离不要太近，也不要太远。以宾客端杯时手臂弯曲的角度为准，小于90°太近了，而手臂要伸直才能拿到杯子则太远了。其次是高度，茶盘太高或太低都不合适，以宾客能45°俯角看到杯中的茶汤为宜。再者，奉茶时茶盘要端稳，给人以安全感。如果宾客才端到杯子，茶艺师就急着要离开，这时若宾客尚未拿稳或想调整一下手势，就容易打翻杯子。奉茶时，茶艺师要先行礼，再走近奉茶，接着行伸掌礼并示意"请喝茶"，奉完茶先退后半步再转身离开。

奉茶时还要注意着装，要将头发盘起或束紧，不浓妆艳抹，不喷洒香水，尤其要注意在奉茶时不要妨碍到旁边的宾客。

4. 语言

语言是沟通和交流的工具。掌握并熟练运用礼貌用语是提供优质服务的保证。语言是从事任何一种职业都要具备的基本能力。礼貌用语主要包括问候语、应答语、赞赏语、迎送语等。

八、雅境

所谓雅境，即品茶的场所。茶优、水好、器精和恰到好处的冲泡技巧，造就了一杯好茶，再加上有一个品茶的幽雅环境，品茶便不是单纯的饮茶了，而成为一门综合的生活艺术。因此，营造品茶环境很重要。

1. 品茶环境

关于适宜的品茶环境，历代文人墨客都有过相关的叙述。清静幽雅的茶室是文人雅士聚会的理想场所。

（1）室内。家庭饮茶可以在有限的空间里寻找适宜的位置。一般宜选择向阳、靠窗处，配以茶几、沙发或台椅。窗台上可摆放盆花，上方宜悬垂藤蔓植物。总之，家庭饮茶要求安静、清新、舒适、干净，尽可能利用一切有利条件，如阳台、门庭小花园甚至墙角等，只要布置得当，窗明几净，同样能创造出一个良好的品茶环境。

（2）户外。自然风光美不胜收，在山涧、泉边、林间、石旁品茶赏景，可以使人们在忙于生计之余休养怡情，意趣盎然。将茶室移至室外，置身于乡村、野外，有一种清新的感觉。这类品茶环境，将茶人与绿水、青山、蓝天融为一体，充满山野的质朴与自然。

（3）专业茶艺馆。专业茶艺馆主要指那些专门设立的收费茶室、茶楼、茶坊、茶艺馆等，它提供茶水、茶食，供茶客饮茶休息或观赏表演。大众茶楼一般采光要好，使茶客能感到明快爽朗，室内装饰可以简朴，桌椅整齐、清洁即可。高档茶馆则要讲究一些，装修宜精致。

2. 品茶心境

有了好的茶侣，更要有好的茶境，才能"天人合一"。欧阳修认为："泉甘器洁天色好，座中拣择客亦嘉。新香嫩色如始造，不似来远从天涯。"茶新、泉甘、器洁，是器物美；座中有嘉客，是人事美；天色好，是环境美。明代徐渭也对品茶之境做了概括性的说明："茶宜精舍，宜云林，宜瓷瓶，宜竹灶，宜幽人雅士，宜衲子仙朋，宜永昼清谈，宜寒宵兀坐，宜松月下，宜花鸟间，宜清流白石，宜绿藓苍苔，宜素手汲泉，宜红妆扫雪，宜船头吹火，宜竹里飘烟。"

对茶境的拟人化，平添了茶人品茶的情趣。例如，郑板桥品茶邀请"一片青山入座"，陆龟蒙品茶"绮席风开照露晴"，齐己品茶"谷雨初晴叫杜鹃"，白居易品茶"野麋林鹤是交游"。在茶人眼里，月有情、山有情、风有情、云有情，大自然的一切都是茶人的好朋友。

唐代以前，人们认为喝茶者就是品行高洁的人，于是好多名士在多种场合用茶来招待朋友及下属。

明代陈继儒的《岩栖幽事》特别强调"品"，他说"一人得神，二人得趣，三人得味，七八人是名施茶"。

3. 品茶追求的境界

明代冯可宾不仅在《芥茶笺》中提出了13个"宜茶"条件，即"无事""佳客""幽坐""吟咏""挥翰""倘佯""睡起""宿醒""清供""精舍""会心""赏鉴""文僮"。同时，他还提出了不适宜品茶的7条"禁忌"，即"不如法""恶具""主客不韵""冠裳苛礼""荤肴杂陈""忙冗""壁间案头多恶趣"。

第二节　冲泡技巧

在各种茶叶的冲泡程序中，茶叶的投茶量、冲泡水温、注水方式和浸泡时间是冲泡技巧中的四个基本要素。在泡茶时，还有三种不同的投茶方法，分为上投法、中投法和下投法。

一、投茶量

冲泡不同类别的茶叶，或使用不同的茶具时，茶叶的投放量稍有差异。一般来说，冲泡同样的茶叶，在冲泡水温和浸泡时间等同的前提下，茶水比越小，水浸出物的绝对量就越大。当茶水比过小时，茶叶内含物被溶出的量虽然较大，但由于用水量大，茶汤浓度相对较低，于是茶味淡，香气薄。相反，当茶水比过大时，由于用水量少，茶汤浓度过高，滋味苦涩，而且不能充分利用茶叶的有效成分。

1. 绿茶类

冲泡绿茶时，一般每克茶用水量以 50～60 毫升为宜，也就是说 1 克绿茶，冲入开水 50～60 毫升。通常一只容量在 100～150 毫升的玻璃杯，投茶量为 2～3 克。当然也可视品饮者的需要稍作调整。

2. 白茶类

白茶品饮分为新茶冲泡和老茶冲泡，新茶冲泡与绿茶相仿，每克茶用水量以 40～50 毫升为宜；老茶冲泡时，每克用水量可以增加 30～40 毫升。

3. 黄茶类

冲泡黄茶时，用茶量与绿茶相仿，每克茶用水量为 30～50 毫升。要注意的是，在冲泡黄芽茶时，每杯茶的投放量应恰到好处，如冲泡君山银针时，太多、太少都不利于欣赏杯中茶的姿形景观。

4. 乌龙茶类

我国乌龙茶品种丰富，茶叶外形差异较大，如有条索形的凤凰单丛、武夷岩茶、文山包种茶，卷曲成螺的铁观音，紧结半球状的冻顶乌龙茶等，因此投茶量也有所不同。通常情况下，冲泡乌龙茶时每克茶用水量为 18～22 毫升。

5. 红茶类

红茶品饮主要有清饮和调饮两种。清饮冲泡时，每克茶用水量以 40~50 毫升为宜，如选用红碎茶则每克茶用水量 70~80 毫升。调饮冲泡时，要在茶汤中加入调料，如加入糖、牛奶、柠檬、蜂蜜等，茶叶的投放量可随品饮者的口味而定。

6. 黑茶类

一般来说，冲泡黑茶时，每克茶用水量为 20~30 毫升。根据茶叶产地、制作工艺等的不同来增减投茶量。

7. 再加工茶类

冲泡花茶时，每克茶用水量为 50~60 毫升。冲泡紧压茶时，由于茶叶紧压，每克茶用水量为 30~40 毫升。

二、冲泡水温

泡茶水温的高低与茶的老嫩、条形松紧有关。大致来说，茶叶原料粗老、紧实、整叶的，比茶叶原料细嫩、松散、碎叶的浸出茶汁要慢得多，所以冲泡水温要高。

一般来说，外形细嫩的名优茶冲泡水温应在 80 ℃左右，外形粗老的茶冲泡水温应掌握在 95 ℃以上。

1. 绿茶类

普通绿茶用 80~85 ℃的水冲泡，但遇到极细嫩的名优绿茶，一般用 70~75 ℃的水冲泡。只有这样，泡出来的茶汤色清澈不混浊，香气醇正，滋味鲜爽，叶底明亮，使人饮之可口。如果水温过高，汤色就会变黄；茶芽因"泡熟"而不能直立，失去欣赏性；维生素遭到大量破坏，营养价值降低；咖啡碱、茶多酚的快速浸出，使茶味淡薄，还会降低饮茶的功效。

2. 白茶类

白茶未经揉捻，茶汤不易析出，冲泡的水温应相对高一些，如当年产的新白茶可以用 90~95 ℃的水冲泡，陈年白茶的冲泡水温可适当提高到 100 ℃，还可以进行煮饮。

3. 黄茶类

黄茶多采用细嫩的茶芽为原料加工而成。一般较为细嫩的黄芽茶和黄小茶适合用 80~85 ℃的水冲泡，这样才不至于泡熟茶芽，从而使茶芽条条挺立，犹如雨后春笋，饮茶者还可通过玻璃杯观赏茶芽的形和姿。如果是原料较粗老的黄大茶，适合用 100 ℃的水进行冲泡，这样茶的内含物更容易析出。

4. 乌龙茶

乌龙茶制作所选用的是成熟的芽叶，属半发酵茶，加之用茶量较大，一般情况下，采用 90～100 ℃的沸水冲泡。用乌龙茶壶泡时，为了避免温度降低，泡茶前要用开水烫热茶壶，冲泡后还要用开水淋壶加温，这样才能使茶汁充分浸泡出来。

5. 红茶类

外形细嫩的红茶，冲泡水温一般掌握在 80～85 ℃。大宗红茶或者红碎茶，可用 90～100 ℃的水冲泡。

6. 黑茶类

黑茶由于原料及加工工艺的因素，一般采用 100 ℃的沸水冲泡。

7. 再加工茶类

冲泡花茶的水温应根据花茶所搭配的茶类选择冲泡水温，如桂花龙井茶，应根据冲泡绿茶的水温来冲泡。紧压茶多以粗老原料加工而成，如砖茶，即使用 100 ℃的沸水冲泡，也很难将茶汁浸泡出来。所以，喝砖茶时，须先将打碎的砖茶放入容器，加入一定量的水后煎煮，方能饮用。

需要说明的是，泡茶用水，通常是煮沸后再自然冷却至所需的温度。

三、注水方式

注水是泡茶过程中需要由人工完全控制的环节，水流的急缓及水线的高低、粗细等，对茶汤质量都有一定的影响。

每种茶叶根据其特征不同都有其对应的冲泡方法，应遵从"实用、科学、美观"的原则，同时根据实际情况进行茶叶冲泡。

1. 单边定点低斟

单边定点低斟是指顺着容器边缘固定位置定点低位注水，细流慢斟，使茶的内含物释放舒缓、协调。

2. 中间定点低斟

中间定点低斟是指在容器中间位置注水，茶底只有中间的一小部分能够和水线直接接触，使茶叶浮在水面缓缓上升，让茶叶通过水的热气浸润慢慢舒展。

3. 环圈式低斟

环圈式低斟是指环绕容器边缘一圈或数圈均匀慢斟，注水时要根据"注水速度"配合以"旋转速度"，水线细就慢旋，水线粗就快旋。

4. 单边定点高冲

单边定点高冲是指顺着容器边缘固定位置定点注水，水流高冲，使茶叶翻滚，避免水流直接击打茶叶,利于茶叶的舒展,使茶的内含物快速释放。

5. 螺旋式高冲

螺旋式高冲是指从容器内任意一点开始注水,螺旋绕圈上升扩展至容器边缘。让茶叶能直接接触到注入的水,上下层茶叶基本上能同时浸出茶叶内含物。

6. 环圈式高冲

环圈式高冲是指注水时沿着容器边缘高位旋满一周,收水时正好回归出水点。这种注水方式可令茶的边缘部分在第一时间接触到水,而面上中间部分的茶要靠水位上涨才能接触到水,注水时的茶水融合度没有那么高。

四、浸泡时间

泡茶时间必须适中,时间短了,茶汤淡而无味,香气不足;时间长了,茶汤太浓,茶色过深,茶香也会因散失而变得淡薄。

1. 绿茶

绿茶采用单杯单饮时,第一泡茶以冲泡30~50秒饮用为好,若想再饮,当杯中剩有1/3茶汤时,再续热水。如果是小壶冲泡,投量大,出汤时间快,冲泡15~30秒为宜。

2. 白茶

白茶冲泡分新白茶冲泡和老白茶冲泡,各自冲泡时间也不同。新白茶内含物溶解较慢,浸泡时间稍长些,60~90秒为宜;老白茶内含物溶解较快,出汤时间快,冲泡30~60秒为宜。

3. 黄茶

黄茶的浸泡时间与绿茶相似,单杯单饮时,冲泡30~50秒饮用为好。采用壶冲泡时,浸泡15~30秒为宜。

4. 乌龙茶

冲泡乌龙茶时,由于用茶量较大,应经过"温润泡"。如果是岩茶类,第一泡5~10秒,往后根据茶叶的冲泡情况逐渐增加浸泡时间;如果是卷曲形的茶叶,浸泡的时间要长一些,第一泡以45~60秒(视茶而定)为宜,第二泡的浸泡时间比第一泡要缩短,往后每泡可逐渐增加浸泡时间,这样可使茶汤浓度均匀一致。

5. 红茶

红茶的浸泡时间,第一泡以30~45秒(视茶而定)为宜,第二泡的浸泡时间相对缩短些,往后每泡可逐渐增加浸泡时间。

6. 黑茶

黑茶的冲泡水温高,内含物溶解快,所以出汤较快,基本是冲水后5秒左右出汤,

4 泡过后，可逐渐增加浸泡时间。

7. 再加工茶类

为了更好地展现茶的韵味和花的香气，花茶的浸泡时间一般在 30～45 秒。紧压茶经润茶后，茶汤析出较快，浸泡时间一般在 5 秒左右，往后每泡可逐渐增加浸泡时间。

第三节　茶点选配

一、与茶有关的饮食

1. 茶食

茶食是指经过精巧制作，佐茶的食品，一般可分为茶楼里经过烹制的茶食和茶艺馆里的品茗茶食两类。前者往往有"喧宾夺主"之嫌，如广式早茶、杭州提供自助茶点的茶馆，以食为主，许多茶客以填饱肚子为前提，茶叶的冲泡技艺和品饮则退为其次了。而在茶艺馆品茗，茶的品质是最重要的，茶食只扮演了调剂的角色，是填补空当和防止空腹饮茶的点心。

2. 茶菜

茶菜也叫茶肴，是指以茶叶或以茶叶作为辅料制作的菜肴。人类对于茶的应用，自古以来经历了生吃药用、熟吃当菜、烹煮饮用、冲泡饮用的历史阶段。在人类认识茶的原始阶段，人们把采摘的茶叶鲜叶放在阳光下晒干，以便随时取用，但干叶吃时难以下咽，人们便将干叶和稻米一起放在陶质的釜鼎内熬煮成稀粥食用。而遇下雨天鲜叶无法晒干时，就将摊晾过的叶子压紧在瓦罐里。过了一段时间，便成了"腌茶"，不用煮，可以直接食用，这可能就是最早的茶菜了。现在西南地区的一些少数民族还保留着远古的吃茶习惯，除了直接咀嚼茶叶外，有的将茶叶鲜叶压紧储藏在竹筒里。经自然氧化，茶香溢出，吃时用盐、醋等调味，即成一道美味的凉拌茶菜。

茶菜好吃，但翻遍食品烹饪的历史古籍，恐怕用茶入菜的只是凤毛麟角，究其缘由，无非是一经烹、煮、炸、熘，茶叶特有的色、香、味、形难以保持。例如，绿茶一经煮过，会立刻呈现菜色，香气溢发无剩，味甘苦，难以嚼咽，形态也变异。因此，茶菜的制作并不比烹制其他菜肴简单，须掌握茶叶的特性，合理地将其和菜肴结合起来，使得烹饪后仍能展示茶叶的香、形等特色。广为人知的著名茶菜，如杭州的龙井虾仁、孔府名菜茶烧肉、四川的樟茶鸭，以及最大众化、最流行的五香茶叶蛋和茶叶豆腐干等深受人们的青睐。

3. 茶宴

以茶宴客，即是茶宴。"茶宴"一词正式出现是在唐代钱起所写的《与赵莒茶宴》："竹下忘言对紫茶，全胜羽客醉流霞。尘心洗尽兴难尽，一树蝉声片影斜。"唐代饮茶风气遍及全国，朝野上下无不将茶视为风雅之物。邀请亲朋好友聚在庭院或雅洁的厅堂举行品茶宴会成为一种风尚，而文人雅士更喜欢在花木扶疏、精致幽雅的场所聚会，一边品尝名茶，一边吟诗作赋，或谈古论今，或叙谈趣事，主人还拿出各种名茶果品供大家享用。有时除了品茶吟诗之外，还有歌舞助兴，盛况引人。

茶宴形式有多种，可以豪华盛大，也可以俭约朴素；可以在家里举行，也可以在庭院或野外举行。好茶和茶食应是茶宴中的主角，茶食也应以素食为主，如干果、鲜果、羹点，或以米、面、茶粉等制作而成的茶食，也可有少量荤食，同时还应讲究盛器，使其和茶食相得益彰，体现茶食的色、形之美。

二、茶点选配

精致的茶点可以补充能量，还可以为茶席增添美感。但应注意茶点是佐茶之用，不宜选择过于油腻、辛辣和有怪味的食品，以免影响味觉而喧宾夺主。

1. 不同茶类的茶点搭配

清新的绿茶搭配甜食，二者相得益彰；醇厚的红茶配上酸甜可口的话梅，回甘更持久；乌龙茶鲜爽醇和，搭配口味重的咸味瓜子等茶点可以使茶的香气和茶汤口感保持得更久。

2. 不同季节的茶点搭配

随着地方和季节的变化，茶的内含物会有所变化，而人的体质状况也会因节气、时间而有所调整，因此茶食的准备无论就茶的内含物还是人的体质来说，都得依节气、时间的不同而有所不同。春天的茶食要多一些艳色；夏天要准备味道较清淡的茶食；秋天时茶食则宜以素雅为主；冬天就得准备味道较重的茶食。茶食的颜色、种类、数量，宜少不宜多，适可而止。

3. 不同人群的茶点搭配

根据不同的人群特点，在选择茶点时也应做相应的调整。老年人宜选用容易咀嚼且易消化的茶点；年轻人可选用色彩鲜艳的茶点，品种可适当多一些。

第七章

茶与健康及科学饮茶

茶的疗效和保健作用早已被我国人民认识，"诸药为各病之药，茶为万病之药"之说，流传久远。人们长期饮茶实践充分证明，饮茶不仅能增加营养，而且能预防疾病。在我国古代，茶常被当作药物使用。随着近代科学技术的发展，对茶叶的药用有效成分及药理功效有了进一步的了解，从理论和数据上对茶的传统功效给予了充分的肯定和证明。随着健康、高雅的生活方式越来越受到推崇，茶也越来越成为大众生活中不可或缺的健康饮品。如何科学、健康地饮茶，也成了众多饮茶爱好者关心的话题。

茶与健康的关系有三个层面：一是对茶叶成分和功效的认识；二是科学健康地饮茶；三是茶健康服务。

第一节 茶叶的主要成分

目前，已经鉴定出茶叶所包含的化学成分达1 400多种，它们对茶叶的色、香、味以及营养和保健起着重要的作用。茶叶从茶树上采摘之后经测试，一般含有75%~78%的水分和22%~25%的干物质。

茶叶中的功能性成分主要有以下几种。

1. 茶多酚

茶多酚是茶叶中多酚类物质的总称，是茶叶的特征性生化成分之一，也是茶叶医疗价值最主要的物质基础，它们在鲜叶中的含量一般在15%以上，甚至可达40%。茶叶中多酚类物质主要由儿茶素类（黄烷醇类）、黄酮类和黄酮醇类、花青素和花白素类、酚酸和缩酚酸类组成，以儿茶素类化合物含量最高，占茶多酚总量的70%～80%。茶多酚是一种活性物质，具有氧化还原性，能提供质子清除过多的自由基，并阻断自由基的传递，提高人体内源性抗氧化能力，被誉为"人体的保鲜剂"。鲜叶加工成干茶后，不同的加工方法使多酚类物质发生不同程度的变化。绿茶的茶多酚含量在所有茶类中是最高的；红茶的茶多酚含量在所有茶类中是最低的，但红茶含有大量多酚氧化产物，有很好的医疗保健功效；乌龙茶介于绿茶与红茶之间，保留了一定数量的茶多酚，同时也含有一些多酚氧化产物。

多酚类物质具有杀菌抗病毒、清除自由基、保护和修复DNA结构等生化活性，这些生化性质使得茶叶具有降血脂、抗肿瘤、抗脂质过氧化、抗凝促纤溶、抗菌、抗病毒、抗衰老、抗辐射损伤、解毒、增强免疫功能等生理功效。

2. 氨基酸

氨基酸是茶叶中的主要滋味成分，同时也是主要的功能性成分，与茶叶的保健功能关系密切。氨基酸在茶汤中的浸出率可达80%，所以它对茶汤品质和对人体的药理作用的影响较大。茶叶中已被发现的氨基酸有26种，除了组成蛋白质的20种氨基酸外，还含有6种非蛋白质组成的游离氨基酸，氨基酸的总量占茶叶干重的1%～4%。与茶叶保健功效关系最大的氨基酸是茶氨酸和γ-氨基丁酸。茶氨酸可以促进神经生长和提高大脑功能，从而增进记忆力和学习功能，并对传导神经功能紊乱等疾病有预防作用；降压安神，能明显抑制由咖啡因引起的神经系统兴奋，改善睡眠；增加肠道有益菌群和减少血浆胆固醇；保护人体肝脏，增强人体免疫机能，有改善肾功能、延缓衰老等功效。γ-氨基丁酸具有显著的降血压效果，它能改善大脑血液循环，增加氧气供给，改善大脑细胞代谢功能，有助于治疗脑中风、脑动脉硬化后遗症等；有改善脑机能，增强记忆力的功效；能改善视觉，降低胆固醇，调节激素分泌，解除氨毒，增强肝功能，活化肾功能，改善更年期综合征等。

3. 生物碱

茶叶中的生物碱主要有咖啡碱（咖啡因）、茶碱和可可碱，三种生物碱都属于甲基嘌呤类化合物，是一类重要的生理活性物质，也是茶叶的特征性化学物质。它们均具有兴奋中枢神经的功效。由于茶叶中茶碱含量较低，而可可碱在水中的溶解度不高，因此，在茶叶生物碱中起主要药效作用的是咖啡碱。

茶叶中的咖啡碱含量为鲜叶干重的2%～4%，每150毫升茶汤中含有约40毫克咖啡碱。咖啡碱具有弱碱性，易溶于水，通常在80℃水中即能溶解，它对茶汤滋味的形成有重要作用。咖啡碱和茶多酚常呈络合状态存在，在人们正常饮用剂量下，咖啡碱对人无致畸、致癌和致突变作用。茶叶中的咖啡碱还有兴奋大脑中枢神经、强心、利尿等多种药理功效。茶叶的许多功效都与咖啡碱有关，如消除疲劳、提高工作效率、抵抗酒精和尼古丁等的毒害、减轻支气管和胆管痉挛、调节体温、兴奋呼吸中枢等。当然，咖啡碱也存在负面效应，主要表现为晚上饮茶会影响睡眠，对神经衰弱者、心动过速者等有不利影响。

4. 茶多糖

茶多糖也叫茶叶多糖复合物，包括单糖、双糖和多糖三类。其含量随茶叶原料的老化而增多，一般来说，六级茶中茶多糖含量是一级茶的2倍左右。同样嫩度的鲜叶加工成红茶、绿茶和乌龙茶后，茶多糖含量以乌龙茶最高，绿茶次之，红茶最低。

中医用泡饮粗老茶治糖尿病就是发挥了茶多糖的作用。茶多糖具有降血糖、降血脂、防辐射、抗凝血及血栓、增强机体免疫功能、抗氧化、抗动脉粥样硬化、降血压、保护心血管等药理功效。

5. 茶色素

茶叶中的色素包括脂溶性色素和水溶性色素两部分，含量仅占茶叶干物质总量的1%左右。脂溶性色素不溶于水，有叶绿素、叶黄素、胡萝卜素等。水溶性色素有黄酮类物质、花青素及茶多酚氧化产物茶黄素、茶红素和茶褐素等。脂溶性色素是形成干茶色泽和叶底色泽的主要成分。尤其是绿茶，干茶色泽和叶底的黄绿色主要取决于叶绿素的含量。

叶绿素是一种优异的食用色素，具有抗菌、消炎、除臭等作用。β-胡萝卜素具有维生素A的作用，具有抗氧化、清除体内自由基、增强免疫力、提高人体抗病能力等作用。

在茶叶中，茶多酚及其衍生物经过氧化缩合可以形成茶黄素和茶红素，它们是红茶的主要品质成分，也是红茶色泽显示的主要成分，还具有很好的生理活性，在红茶中含量一般约为1%。在黑茶、乌龙茶、黄茶中也存在少量茶黄素和茶红素。茶黄素具有类似茶多酚的作用，是一种有效的自由基清除剂和抗氧化剂，具有抗癌、抗突变、抑菌抗病毒、治疗糖尿病、改善和治疗心脑血管疾病等作用。

6. 茶皂素

茶皂素是一种天然表面活性剂，可以让茶汤起泡沫。它存在于茶树的种子、叶、根、茎中，以茶根中含量为最多。茶皂素除了最主要的表面活性外，还具有溶血、降胆固醇、抗生育、抗菌作用以及杀软体动物、抗炎、镇静（抑制中枢神经、镇咳、镇痛等）等生物活性。近年来研究发现，茶皂素可能还具有降血压的功能。

7. 维生素类与矿物质元素

茶叶中含有多种维生素，分为水溶性维生素（以维生素B、维生素C为最重要）

与脂溶性维生素（以维生素A、维生素E为最重要）两类。绿茶的维生素含量高于红茶，高级别绿茶中维生素C的含量约为0.5%。春茶的维生素含量高于夏秋茶。研究证明，维生素C有很强的还原性，在体内具有抗细胞物质氧化、解毒等功能，还能防治坏血病、增加机体抵抗力、促进创口愈合等。茶叶中的维生素C与茶多酚之间存在协同作用，在正常饮食情况下，每天饮用高级绿茶3~4杯可基本满足人体对维生素C的需求。维生素B对癞皮病、消化系统疾病、眼睛等有显著疗效。

茶叶中含有多种矿物质，其中磷与钾含量最高，其次为钙、镁、铁、锰、铝，微量成分有铜、锌、钠、硫、氟、硒等，大多数矿物质对人体健康是有益的。其中，氟对预防龋齿和防治老年人骨质疏松有明显效果；硒能刺激免疫蛋白及抗体的产生，增强人体对疾病的抵抗力，可防治某些地方病，如克山病的发生，并对治疗冠心病有效，还能抑制癌细胞的发生和发展；锌可增强抗病力与益智；铁和铜都与人体的造血功能有关。

第二节　茶与健康的关系

茶叶中含有丰富的有利于身体健康的功能性成分，被公认为是健康的饮品。从古至今，饮茶可以使人身心健康，可以放松心情、陶冶情操、净化心灵，还可以提高人们的生活品位。

一、古人对茶与健康关系的认识

茶叶与健康的关系，古书中多有记载。早在科学尚未出现的古代中国，茶叶的药用保健价值就被记录和传颂了。古人对茶的保健功能早有认识，如《神农食经》称："茶茗久服，令人有力、悦志。"三国华佗《食论》有"苦荼久食，益意思"之说。晋代张华《博物志》称："饮真茶，令人少眠。"唐代，人们已普遍认识到茶的药用价值，药学家陈藏器称"茶为万病之药"。此说虽嫌夸张，但茶的药理成分之多和药效作用之广却是事实。

关于茶叶的药用，在历代关于茶的论述中还可以找出许多。陶弘景《杂录》："苦茶轻身换骨，昔丹丘子、黄山君服之。"《本草·木部》："茗，苦茶。味甘苦，微寒，无毒。主瘘疮，利小便，去痰渴热，令人少睡。秋采之苦，主下气消食。"陆羽《茶经》："茶之为用，味至寒，为饮最宜精行俭德之人。若热渴凝闷、脑疼目涩、四肢烦、百节不舒，聊四五啜，与醍醐、甘露抗衡也。"许次纾《茶疏》："其（茶）韵致清远，滋味甘香，清肺除烦，足称仙品。"自唐至清，可收集到论述茶效的古籍，不下百种。

以上资料足以证明古人对茶的认识，主要体现出茶的药用价值，如安神除烦、下气消食、祛风解表、生津止渴、疗痢止泄、清热解毒、清肺去痰、醒酒解酒、利水通便等。

茶最早用于药，在历史演变中逐渐成为世界上三大无酒精饮料之一。根据《中国药典》相关内容，可以明确得知茶不是药，但在一定条件下，茶具有药用功能和功效，茶用于治疗一定要在医生的指导下进行。

二、现当代茶与健康的研究

随着科学技术的发展，茶的很多不解之谜日渐清晰。只有正确认识和科学应用才能真正实现茶养生保健的功效。尽管饮茶有利健康，但是还须做到科学饮茶。同时，必须明白茶不是"药"，而是一种对人体有生理调节作用的功能性饮品，通过饮茶可以提高人体对疾病的免疫力，预防许多对人体有很大威胁的疾病且有一定的治疗效果。

现代医学研究表明，人体罹患的百余种疾病与体内过量的自由基毒性反应相关，过量的自由基是致病因子。茶叶中多酚类物质是一种高效低毒的自由基清除剂，保护了机体的健康，这是对茶叶的现代医疗研究的理论依据。

在现代社会中，茶叶在抗疲劳、预防和治疗心理疾病等方面也发挥着非常重要的作用。其功能的发挥主要体现在两个方面：一是茶叶自身所具有的化学成分对心理疾病有预防和治疗的作用；二是饮茶所营造的舒适环境对心理疾病有缓解作用。

中国茶道精神提倡和诚处世、以礼待人、奉献爱心，建立和睦相处、相互尊重、互相关心的新型人际关系，以利于社会风气的净化。在当今现实生活中，由于商潮汹涌、物欲剧增、生活节奏加快、竞争激烈，所以人心浮躁，心理容易失衡，导致人际关系紧张。而茶道、茶文化是一种雅静、健康的文化，它能使人们绷紧的心灵之弦得以松弛，倾斜的心理得以平衡。

茶与人们的生活密不可分，人们以茶待客、以茶代酒、以茶馈赠，茶已渗透到人们的生活中。茶能陶冶人的情操，提升人的精神境界，驱散内心阴影，减轻心理障碍。喝茶不仅有利于身体健康，更是对心理、审美的提升。人们通过品茶来放松心情、调整心理压力，更好地树立"三观"和积极的心态，这能营造一种更加健康的心理状态，在促进心理健康发展的同时提升内在的气质和修养。

第三节 科学饮茶常识

要做到科学饮茶,首先要能够正确地选择茶叶。要根据季节、气候、个人、体质等来选择相应的茶叶,在选购时还应注意尽量选择品质优良同时又安全卫生的茶叶产品,如绿色食品茶或天然有机茶。

按照国家相关标准,绿色食品茶中的农药残留有严格的规定。生产绿色食品茶的生产单位,必须经申报,获得国家绿色食品管理机构批准,在生产全过程中进行严格的环境控制,制定产品生产标准,按标准进行生产和控制,保证最终的上市产品符合绿色食品的要求,并在产品包装上标示"绿色食品"标志字样。天然有机茶是指在无任何污染的茶叶产地,按有机农业生产体系和方法生产出鲜叶原料,在加工、包装、储运过程中不受任何化学物质污染,并经有机茶认证机构审查颁证的茶叶。

一、饮茶基本知识

喝茶是一门学问,会喝茶才能喝出健康来。了解一些正确饮茶知识可以帮助人们科学饮茶。

1. 根据不同的茶叶特性选茶

不同的茶有着不同的茶性,应依据不同的茶叶特性来选茶。茶可以分凉性和温性,按照加工工艺不同把六大茶类分成不同特性的茶。例如,绿茶、白茶、黄茶属于凉性的茶类,乌龙茶属于中性的茶类,红茶和黑茶属于温性的茶类。

2. 根据不同的人选茶

一般来说,初始饮茶或平日不大饮茶的人,最好品尝清香醇和的名绿茶,如西湖龙井、黄山毛峰、信阳毛尖、庐山云雾等;有饮茶习惯、嗜好清淡口味的人,可以选择高档烘青和一些地方优质茶,如君山银针、霍山黄芽、旗枪、茉莉烘青等;喜欢茶味浓醇的人,则以半发酵的乌龙茶为佳,如铁观音、武夷岩茶、台湾乌龙茶等。

3. 根据不同的体质选茶

每个人都有其特有的体质,《中医体质分类与判定》将人的体质划分为九种。体质还会随季节、气候、心情等因素发生变化,人们应实时关注体质的变化,以便选择不同的茶品。

4. 根据不同的季节选茶

一年四季，气候变化不一，不但寒暑有别，而且干湿各异，在这种情况下，人的生理需求是各不相同的。因此，从人的生理需求出发，结合茶的品性特点，最好能做到四季选择不同的茶叶饮用，使饮茶达到更高的境界。

春季，严冬已经过去，气温回暖，大地回春，这时宜饮些清香四溢的花茶，一则可以祛寒除邪，二则有助于理郁，去除胸中浊气，促进人体阳刚之气回升。夏季，天气炎热，饮上一杯清莹碧翠的绿茶，可给人清凉之感，还能起到降暑之效。秋季，天高气爽，饮上一杯属性平和的乌龙茶，不凉不热，取红、绿两种茶的功效，既能消除盛夏灼热，又能恢复津液和神气。冬季，天气寒冷，饮杯味甘性温的红茶，或者将它调制成奶茶，可以起到生热暖胃之效，也可以增强人体对寒冷的抗御能力。此外，冬季人们的食欲增强，进食油腻食品增多，饮用普洱茶可以去油腻、开胃口、助养生。

5. 根据不同的特殊环节选茶

一般来说，冬季不适合饮用性寒凉的茶类，但如果在有暖气房的北方或是在空调房里，空气较为干燥，这时可以选择偏凉的茶类，以达到降燥降热的效果。

另外，如果是患有疾病的人，应根据病况适时选择有利于身体恢复健康的茶品。

二、饮茶误区

一般的饮茶者往往喜欢根据个人的趣味爱好饮茶，一旦形成习惯则很难改变。如果是良性的习惯，自然是好事。如果是不好的习惯，就有可能产生负面效果。所以要养成良好的饮茶习惯。那么，我们首先要对饮茶误区有所了解。

1. 茶治百病

在实践中，人们发现茶能解毒，但解毒功效并不强，只能应对一些毒性小的情况。茶能治病，但只能治一些小毛病。茶的药理研究证明，与其说茶能治病，不如说茶能防病。"治"与"防"是两个概念。而且，茶的防病功能也只限于在一定的范围内，只对某些疾病有预防作用。鼓吹"茶治百病"，错误在于偷换了"防"与"治"的概念，同时夸大了茶的作用。因此，不管哪一种茶，由于所含的药理成分基本相同，防病的功效也大致相同，根本不存在某类茶防治功能特别强的情况。当然，不同的茶，茶性有差别，如绿茶、白茶性寒凉，红茶、岩茶性温和，对不同的人所产生的作用也有差别。尽管如此，各类茶在基本功能方面都大致相同。

2. 茶米等同

关于"茶米等同"典型说法是"开门七件事，柴米油盐酱醋茶""饭可以不吃，茶不可以不喝"。其实质就是将茶在日常生活中的重要性与柴米油盐等同化,甚至强调其比吃饭还重要,这种想法实际是不可取的。茶始终是农业中的副业,只能在保证粮食生产的前提下有节制地发展。对于个人来说,只有在吃饱了饭之后,才会考虑喝茶。从某种角度来说,好茶永远是一种奢侈品,百姓喝粗茶,只将其作为解渴之物。

3. 越陈越好

"越陈越好"的说法,是近年来为炒作某类茶而提出来的。实际上,只要稍加理性思考,就会发现这种观点既不符合事实,也缺乏逻辑。可以存放的茶有普洱茶、岩茶、白茶、红茶,在适宜的保藏环境下,在一定的时间内,这些茶不但不会变质,而且还有可能变得更好喝。但是究竟在多长时间内可以保持茶的品质不变?根据经验和保存的茶资料,普洱有100年的,岩茶、红茶、白茶有50年的,尽管这些年份的茶叶可以喝,但是品质已产生变化,都有陈味了,香气滋味实在不值一提。所以,根本不存在"越陈越好"的茶叶。

4. 越早越好

"越早越好"的观点主要是在绿茶圈内流行。很多人认为绿茶要抢早,最好是明前茶,也就是清明节前采摘的茶叶。从科学的角度来看,越早越好是没有道理的。根据专家们分析研究,一般来说,最好的绿茶并非在明前,而是在明后至谷雨之间。原因很简单,明前的茶芽虽然萌发得早,但是芽头细小,太幼嫩,内质含量单薄。而明后至谷雨间的茶芽,比较成熟,内质含量较为丰富。而从感官审评的角度来看,明前茶无论香气、滋味都不及稍迟一些的雨前茶。尽管如此,并不是说明前茶就不能喝,是不要让"越早越好"的言论误导。科学的饮茶原则不是赶早而是赶好。

5. 茶能醒酒

饮酒后,酒中的乙醇经胃肠道进入血液,在肝脏中先转化为乙醛,再转化为乙酸,然后分解成二氧化碳和水经肾脏排出体外。而酒后饮浓茶,茶中的咖啡碱会迅速发挥利尿作用,从而导致尚未分解成乙酸的乙醛(对肾有较大刺激作用)过早地进入肾脏,对肾脏产生损害。但这也不是说酒后绝对不能喝茶,如果只是稍稍喝一些酒,并没有到醉的地步,适当地喝一些淡茶,使口腔清洁舒适,也未尝不可。需要把握的一个界限就是"醉"与"不醉"。

三、饮茶禁忌

饮茶的"禁忌"是不容忽视的。茶叶虽是健康饮料,但与其他任何饮料一样,也是饮之有度,过量有害。明代许次纾在《茶疏》中说:"茶宜常饮,不宜多饮。常饮则心肺清凉,烦郁顿释。多饮则微伤脾肾,或泄或寒。"说明饮茶必须适量。喝茶过多,特别是暴饮浓茶，对身体健康不但无益反而有害。

根据人体对茶叶中药效成分和营养成分的合理需求，以及考虑到人体对水分的需求，成年人饮茶量以每天泡饮干茶 5~15 克、8~10 杯为宜。喝茶并不是"多多益善"，如过度饮浓茶，茶中的生物碱将使人体中枢神经过于兴奋，心跳加快，增加心、肾负担，晚上饮茶还会影响睡眠。而且，高浓度的咖啡因和多酚类物质会对肠胃产生刺激，抑制胃液分泌，影响消化功能。

合理的饮茶量只限于对普通人群每天用茶总量的建议，具体还须考虑人的年龄、饮茶习惯、所处生活环境、气候状况、本人健康状况等。例如，运动量大、营养消耗多、进食量大或是以肉类为主食的人群，可增加每天饮茶量。而身体虚弱或患有神经衰弱、缺铁性贫血、心率过高等疾病的人，一般应饮淡茶或少饮甚至不饮茶。

饮茶时茶汤的温度也要特别注意，一般情况下饮茶提倡热饮或温饮，避免烫饮，因过热的茶水不但会烫伤口腔、咽喉及食道黏膜，长期的高温刺激还是导致口腔和食道肿瘤的发病诱因。所以，茶水温度过高是有害的，建议人们饮用水温为 50~60 ℃ 的茶水。

第八章

食品与茶叶营养卫生

第一节　食品与茶叶卫生基础知识

一、饮食行业食品卫生知识

食品的安全和卫生是第一位的。任何与饮食相关的行业要做到卫生清洁，待加工原材料应确保新鲜和安全。

1. 食品采购、储存的卫生要求

（1）一定要问清货物来源，不采购来路不明的食品。

（2）严格把关食品卫生质量，不采购不新鲜、变质、生虫、有毒、有害或过期食品。

（3）采购有包装标识的食品。对定型包装食品索取检验合格证，不要采购无证明和商标标志、标识不全的食品。

（4）储存食品的场所、设备应当保持清洁，无霉斑、鼠迹、苍蝇、蟑螂。仓库应当通风良好，禁止存放有毒、有害物品及个人生活物品。食品应当分类、分架、隔墙、离地存放，并定期检查、处理变质或超出保质期限的食品。

2. 食品生产经营过程的卫生要求

（1）内外环境必须保持干净、整洁。

（2）器皿使用前必须洗净、消毒，须符合国家有关卫生标准要求。

（3）食品工作人员应保持个人卫生，在生产、销售食品时，必须将手洗净，穿戴清洁的工作衣、帽。销售直接入口食品时，必须使用售货工具。食品生产经营人员每年必须进行健康检查。

二、茶叶卫生知识

茶叶卫生一直备受社会大众的关注。根据《茶叶卫生管理办法》，就茶叶卫生相关知识作如下介绍。

1. 鲜叶、毛茶收购应严格执行验收标准，不得收购掺假、含有非茶类物质以及有异味、霉变、劣变等不符合卫生要求的茶叶。

2. 茶叶加工厂应远离污染源，要有防尘、防烟设施。加工场地要用水泥地面，保持清洁。加工器具应符合卫生要求，做好保洁，防止污染。

3. 装运茶叶的运输工具必须清洁、无毒、无异味，运输途中要注意防雨、防潮、防污染。

4. 茶叶在储存、销售过程中要注意防潮、防毒、防污染等。对不符合卫生要求的茶叶不得销售。茶叶包装材料必须符合卫生要求。

5. 茶叶应符合相应的卫生标准。生产加工部门应建立健全产品检验机构，加强卫生检查，逐步开展对有毒、有害物质的检验，保证产品合格出厂。

6. 食品卫生监督机构对生产经营单位应加强经常性卫生监督。

第二节 饮食业食品卫生制度

一、国内现行茶叶标准

21世纪以来，我国大力开展茶叶标准的制定和修订工作，使茶叶标准逐步覆盖到茶树品种、产地环境、生产加工、产品等级、质量安全、包装储运等茶叶生产的全过程，基本建立起了以国家标准、企业标准为主体，以行业标准、地方标准为补充的茶叶标准体系，形成了"横向到边，纵向到底"的标准体系框架。

1. 横向标准系列

从横向来说，茶叶标准按茶叶生产过程或茶叶质量控制阶段划分为以下八大类。

（1）生产、加工和管理标准，包括茶树种子、苗木、生产加工标准。

（2）质量安全标准。

（3）产品标准。

（4）包装、标签和储运标准。

（5）检测方法标准。

（6）机械标准。

（7）实物标准。

（8）其他相关标准。

这八大类标准覆盖整个茶叶产业链，从茶园到最终茶叶产品，基本实现了全程标准化管理的目标。

2. 纵向标准系列

从纵向来说，中国茶叶标准分四个层次，即国家标准、行业标准、地方标准和企业标准。这四个层次的标准构成了相互支撑、相互配套和相互补充的中国茶叶标准体系框架。

（1）国家标准。截至2016年年底，我国涉及茶叶的国家标准主要有160余项。其中生产、加工和管理标准28项，质量安全标准4项，产品标准50项，包装、标签和储运标准7项，检测方法标准56项，其他相关标准17项。

（2）行业标准。行业标准由各行业主管部门制定和发布，包括农业行业、供销行业、商业行业、进出口检验检疫行业、轻工行业、环境保护行业、林业、机械行业等涉及茶叶管理职能或管理权限的主管部门制定的规范茶叶生产加工和贸易的各种标准。

截至2016年年底，我国的主要行业标准有130余项。其中茶叶生产、加工和管理标准29项，质量安全标准4项，产品标准16项，包装、标签和储运标准5项，检测方法标准39项，机械标准27项，其他相关标准11项。

（3）地方标准。地方标准是由全国各茶叶主产区和主销区所在的省、市、地区制定和颁布的各类茶叶标准，大约有500余项。其中，浙江省就有近100项。茶叶地方标准一般都是综合性标准，包括茶树种苗、栽培、加工等一系列标准。另外，《中华人民共和国食品安全法》实施后，各地相继出台了不少食品安全地方标准。

（4）企业标准。根据《中华人民共和国食品安全法》规定，企业标准应当报省级卫生行政部门备案，在本企业内部使用。因此，如茶叶企业根据生产和销售的需要，制定相应的企业标准，应根据《食品安全企业标准备案办法》和各省、自治区及直辖市的相关规定，到省级相关行政部门备案。据全国茶叶标准化技术委员会估计，目前我国茶叶生产企业制定的企业标准约有1万项。

二、茶叶国家标准和行业标准

1. 茶叶生产加工和管理标准

截至2016年年底，国家标准中关于茶叶生产、加工和管理的标准有28项，如《食品安全国家标准　食品生产通用卫生规范》（GB 14881）、《茶叶加工良好规范》（GB/T 32744）。行业标准中关于茶叶生产、加工和管理的标准有29项，如《绿色食品　产地环境质量》（NY/T 391）、《绿色食品　农药使用准则》（NY/T 393）。

2. 茶叶质量安全标准

截至2016年年底，国家标准中关于茶叶质量安全的标准有4项，如《食品安全国家标准　食品中污染物限量》（GB 2762）、《食品安全国家标准　食品中农药最大残留限量》（GB 2763）。行业标准中关于茶叶质量安全的标准有4项，如《绿色食品　茶叶》（NY/T 288）、《有机茶》（NY 5196）。

3. 茶叶产品标准

截至2016年年底，国家标准中关于茶叶产品的标准有50项，如《绿茶　第1部分：基本要求》（GB/T 14456.1）、《绿茶　第6部分：蒸青茶》（GB/T 14456.6）。行业标准中关于茶叶产品的标准有16项，如《富硒茶》（NY/T 600）、《碧螺春茶》（NY/T 863）。

4. 茶叶包装、标签和储运标准

截至2016年年底，国家标准中关于茶叶包装、标签和储运的标准有7项，如《食品安全国家标准　食品接触用纸和纸板材料及制品》（GB 4806.8）、《茶叶贮存》（GB/T 30375）。行业标准中关于茶叶包装、标签和储运的标准有5项，如《绿色食品　包装通用准则》（NY/T 658）、《绿色食品　贮藏运输准则》（NY/T 1056）。

5. 茶叶检测方法标准

截至2016年年底，国家标准中关于茶叶检测方法的标准有56项，如《食品安全国家标准　食品微生物学检验菌落总数测定》（GB 4789.2）、《食品安全国家标准　食品中灰分的测定》（GB 5009.4）。行业标准中关于茶叶检测方法的标准有39项，如《出口茶叶中六六六、滴滴涕残留量的检验方法》（SN/T 0147）、《绿色食品　产品检验规则》（NY/T 1055）。

6. 茶叶机械标准

截至2016年年底，行业标准中关于茶叶机械的标准有27项，如《茶树修剪机》

(JB/T 5674)、《茶叶炒干机》(JB/T 8575)。

7. 其他相关标准

截至2016年年底，国家标准中与茶叶相关的其他标准有17项，如《生活饮用水卫生标准》(GB 5749)、《茶叶分类》(GB/T 30766)。行业标准中与茶叶相关的其他标准有11项，如《茶粉》(NY/T 2672)、《绿色食品 代用茶》(NY/T 2140)。

8. 茶叶实物标准样

茶叶实物标准样也是一种重要的标准形式，是茶叶产销各方对茶叶质量共同制定和遵守的实物依据。茶叶实物标准样按照茶叶产品加工阶段的不同，一般可分为毛茶标准样、加工标准样和贸易标准样三种，分别供工厂收购初制茶、产销双方、市场贸易计价使用，其中毛茶标准样需要每年更换一次，加工标准样可以每隔几年更换一次。

（1）毛茶标准样。毛茶标准样是收购毛茶的质量标准。按照茶类不同，有绿茶、红茶、乌龙茶、黑茶、白茶、黄茶六大类。其中红毛茶、炒青、毛烘青均分为6级12等，逢双设样，设6个实物标准样；黄大茶分为3级6等，设3个实物标准样；乌龙茶一般分为5级10等，设1~4级4个实物标准样；黑毛茶及康南边茶分4级，设4个实物标准样；六堡茶分为5级10等，设5个实物标准样。

（2）加工标准样。加工标准样又称加工验收统一标准样，是毛茶加工成各种外销、内销、边销成品茶时对样加工，使产品质量规格化的实物依据，也是成品茶交接验收的主要依据。各类茶叶加工标准样按品质分级，级间不设等。

（3）贸易标准样。贸易标准样又称销售标准样，主要有外销标准样和内销标准样2种。外销标准样是根据我国外销茶的传统风格、市场需要和生产可能，由主管茶叶出口经营部门制定的出口茶叶标准样，是茶叶对外贸易中成交计价和货物交接的实物依据。各类、各花色按品质质量分级，各级编以固定号码，即茶号。例如，特珍特级、特珍一级、特珍二级，分别是41022、9371、9370；珍眉一至五级分别为9369、9368、9367、9366、9365，珍眉不列级为3008；珠茶特级为3505，珠茶一至五级分别为9372、9373、9374、9375、9475。

内销标准样一般是各种茶叶销售企业按企业经营范围和国内市场销售需要自行制定的，适合本企业组织经营销售活动的茶叶销售标准样。

三、茶艺馆卫生标准

根据《中华人民共和国食品安全法》的规定，与茶艺馆业有关的卫生要求如下。

1. 茶具的消毒

茶具常用的消毒方法有以下三种。

（1）蒸煮消毒。蒸煮消毒是指将茶具用清洁剂洗净，接着放入消毒容器中（100 ℃，20~30分钟）或用流通蒸汽（100 ℃，15~20分钟）消毒，最后置于保洁柜备用。

（2）消毒柜消毒。消毒柜消毒是指采用电子、红外线及微波进行消毒。先将茶具用清洁剂洗净，然后置入消毒柜，再按说明书设置消毒程序（保证足够的消毒时间），最后置保洁柜备用。

（3）药物消毒。药物消毒是指将茶具用清洁剂洗净，然后浸入配制好的消毒液中，等待15分钟后，再取出经净水冲洗消除残留药物，最后用消毒后的干毛巾擦干或烘干后置于保洁柜备用。

2. 茶叶的保存

（1）茶叶的储藏保管以干燥、冷藏、无氧和避光保存为最好。

（2）茶叶的含水量都不能过高，一般应控制在6%以下。

（3）不同茶类应分别储藏，不能混藏。

（4）不宜使茶叶与有异味的物品接触。

3. 用水的清洁

现代人们经常饮用的是经过净化消毒后的自来水，自来水必须达到我国颁布的卫生饮用水质标准，即检验水质的四个指标。

（1）感官指标。主要是色度不超过15°，无其他异色。混浊度不超过3°，无异臭味，无肉眼可见物。

（2）化学指标。pH值为6.5~8.5，氧化钙含量低于250毫克/升，铁含量低于0.3毫克/升，锰含量低于0.1毫克/升，铜含量低于1.0毫克/升，锌含量低于1.0毫克/升，挥发酚类含量低于0.002毫克/升，阴离子合成剂含量低于0.3毫克/升。

（3）毒理指标。氟化物含量低于1.0毫克/升，氰化物含量低于0.05毫克/升，砷含量低于0.01毫克/升，镉含量低于0.005毫克/升，铬含量低于0.05毫克/升，铅含量低于0.05毫克/升。

（4）微生物指标。菌落总数低于100个/升，不得检出总大肠菌群、耐热大肠菌群、大肠埃希氏菌。

符合以上四个指标的自来水为合格的饮用水。但是，为了使自来水符合以上四个指标，常用漂白粉等氯化物加以消毒，自来水中存在的氯离子过多，会使酚类物质氧化，影响茶的品质。所以，自来水可以放心饮用，但如果用来泡茶的话，必须消除氯气。简单的方法是将自来水储存在一个稍大的容器中，静置一昼夜后，取用上层水，然后再煮水泡茶，效果会比较好。当然，为了使水质纯净卫生，储存静置的水一次不可过多，应随用随存。

4. 卫生管理

（1）严格执行卫生标准。严格执行《公共场所卫生管理条例》《公共场所卫生管理条例实施细则》等规章，服从卫生监督部门的监督。

（2）从业人员健康检查。从业人员须取得健康证后方可从事茶艺师的工作，每年应进行一次健康检查。

（3）日常卫生制度。应建立日常卫生保洁制度，并应有专人负责督促检查。

（4）环境整洁美观。内、外环境应整洁、美观，地面无果皮、痰迹和垃圾。座位套应定期清洗，保持清洁。

（5）做好消毒工作。应安排专人负责消毒工作。

（6）室内空气流通。在经营场所内必须有机械通风及空调设备，空气流通，整洁舒适。厕所应设有洗手设施和机械通风装置。

（7）茶艺师个人卫生。饮茶环境和个人也要求干净卫生，茶艺师不仅要做到仪表整洁、身体健康，还特别要求保持手的洁净。手要勤洗，勤剪指甲，不佩戴过于突兀的首饰，不涂护手霜等有气味的物质，以免玷污了茶味。

茶艺师感冒、咳嗽，或患有传染性疾病，或手部患病及有伤口时，不宜沏茶招待宾客，沏茶时尽量不要说话，以免唾沫或口气污染了茶叶、茶汤。

第九章

劳动安全基本知识

虽说相对于一些高危产业，茶艺师这项职业的劳动危险性不大，但是任何一个职业的从业人员都必须清楚我国的劳动安全法规常识，茶艺师也不例外。

第一节　安全生产知识

一、茶艺师操作安全知识

茶艺师作为茶艺馆的工作服务人员，要把安全知识与技能摆在首要位置来对待。在冲泡过程中严格按照规范程序步骤操作，注意安全操作，防止烫伤、打碎茶碗、割破手等危险事件发生，同时也要注意照顾宾客的人身安全。

二、茶艺馆经营安全知识

茶艺馆经营安全关系到人民群众生命财产安全，关系到社会稳定。为加强安全生产，茶艺馆的经营者要贯彻"安全第一、预防为主"的方针，要按照"企业负责、行业管理、国家监察、群众监督和劳动者遵章守纪"的劳动安全法的总要求，以及谁主管谁负责的原则,建立健全经营安全的责任制并实行严格的目标管理。在茶艺馆的经营中,应严格把控水、电、火等容易造成安全事故的因素,时时监督、时时检查,排查危险环节,把安全经营作为头等大事。

第二节　安全防护知识

一、制订安全计划

要制订详尽周密的安全生产计划,健全各项规章制度和安全操作规程,落实全员安全生产责任制。要加强安全生产管理机构建设,按照国家规定保证对安全生产的资金投入。

二、定期安全检查

要经常提醒茶艺师,定期进行安全检查,对存在的事故隐患应按规定及时排除。

三、加强安全培训

要加强对职工的安全生产教育和培训,教育他们严格遵守有关法律、法规及规章制度和操作规程,增强安全生产意识。

四、掌握安全知识

帮助员工学习并掌握必要的安全生产知识,使其熟练掌握岗位安全操作技能,提高自我保护和处理突发事件的能力。

第三节 安全生产事故报告知识

一、安全事故申报知识

1. 逐级上报

安全事故发生后,负伤者或事故现场有关人员应当立即直接或者逐级报告企业负责人。企业负责人接到重伤、死亡、重大死亡事故报告后,应当立即报告企业主管部门和企业所在地的劳动部门、公安部门、人民检察院和工会。企业主管部门和劳动部门接到死亡、重大死亡事故报告后,应当立即按系统逐级上报,死亡事故报至省、自治区、直辖市企业主管部门和劳动部门,重大死亡事故报至国务院有关主管部门、劳动部门。

2. 保护现场

发生死亡、重大死亡事故的企业应当保护事故现场,并迅速采取必要措施抢救人员和财产,防止事故扩大。

二、安全事故处理知识

1. 事故调查

轻伤、重伤事故,由企业负责人或其指定人员组织生产、技术、安全等有关人员以及工会成员组成事故调查组,进行调查。死亡事故,由企业主管部门会同企业所在地设区的市(或者相当于设区的市级)劳动部门、公安部门、工会组成事故调查组,进行调查。重大死亡事故,按照企业的隶属关系由省、自治区、直辖市企业主管部门或者国务院有关主管部门会同同级劳动部门、公安部门、监察部门、工会组成事故调查组,进行调查。

2. 事故处理

事故调查组提出的事故处理意见和防范措施建议,由发生事故的企业及其主管部门负责处理。

第十章

相关法律、法规知识

第一节 《中华人民共和国劳动法》相关知识

《中华人民共和国劳动法》(以下简称《劳动法》)是为了保护劳动者的合法权益，调整劳动关系，建立和维护适应社会主义市场经济的劳动制度，促进经济发展和社会进步，根据宪法而制定颁布的法律。《劳动法》于1994年7月5日经第八届全国人民代表大会常务委员会第八次会议通过，根据2018年12月29日第十三届全国人民代表大会常务委员第七次会议《关于修改〈中华人民共和国劳动法〉等七部法律的决定》第二次修正。

作为茶艺师，应该掌握《劳动法》中有关劳动者本人权益、用人单位利益以及劳资关系协调与仲裁的内容。

一、劳动者素质要求

劳动者的素质是指作为一名劳动者应具备的条件，它直接关系到劳动者本人和用人单位的利益。

《劳动法》在总则中规定了一些对劳动者素质的要求。

1. 完成劳动任务

完成劳动任务是劳动者最基本的素质要求。只有通过完成劳动任务，劳动者和用人单位的工作需求才能够得到实现。

2. 提高职业技能

提高职业技能是对劳动者职业素质方面的要求。劳动者素质的提高将有助于劳动者和用人单位更好地实现自身利益。

3. 执行劳动安全卫生规程

执行劳动安全卫生规程是对劳动者安全卫生方面的素质要求。只有严格执行劳动安全卫生规程，才能防止劳动过程中出现的事故，减少职业危害。

4. 遵守劳动纪律和职业道德

遵守劳动纪律和职业道德是对劳动者纪律和道德观念方面的素质要求，是衡量一个劳动者素质是否全面的重要标准。

二、劳动者合法权益

保护劳动者的合法权益，是《劳动法》的根本宗旨。《劳动法》主要通过规定劳动者享有一系列权利来达到保护劳动者合法权益的目的。

1. 平等的权利

劳动者享有平等就业和选择职业的权利。劳动者就业，不因民族、性别、宗教信仰不同而受歧视。妇女享有与男子平等的就业权利。求职者与用人单位均有权选择对方，即求职者有权自主选择用人单位，用人单位有权自主选择录用求职者。

2. 取得劳动报酬的权利

劳动者有取得劳动报酬的权利。工资分配应当遵循按劳分配原则，实行同工同酬。国家实行最低工资保障制度。用人单位支付劳动者的工资不得低于当地最低工资标准。工资应当以货币形式按月支付给劳动者本人，不得克扣或者无故拖欠劳动者的工资。劳动者在法定休假日和婚丧假期间以及依法参加社会活动期间，用人单位应当依法支付工资。

3. 休息休假的权利

劳动者享有休息休假的权利。用人单位应当保证劳动者每周至少休息一日。应当在元旦、春节、国际劳动节、国庆节以及法律、法规规定的其他休假节日期间安排劳动者休假。劳动者连续工作一年以上的，享受带薪年休假。

4. 接受职业技能培训的权利

劳动者享有接受职业技能培训的权利。用人单位应当建立职业培训制度，按照国家规定提取和使用职业培训经费，根据本单位实际，有计划地对劳动者进行职业培训。

5. 获得劳动安全卫生保护的权利

用人单位必须建立、健全劳动安全卫生制度，严格执行国家劳动安全卫生规程和标准，对劳动者进行劳动安全卫生教育。同时，还必须为劳动者提供符合国家规定的劳动安全卫生条件和必要的劳动防护用品，对从事有职业危害作业的劳动者应当定期进行健康检查。劳动者对用人单位管理人员违章指挥、强令冒险作业，有权拒绝执行；对危害生命安全和身体健康的行为，有权提出批评、检举和控告。

6. 享受社会保险和福利的权利

用人单位和劳动者必须依法参加社会保险，缴纳社会保险费。劳动者在退休、患病、负伤、因工伤残或者职业病、失业、生育情况下，依法享受社会保险待遇。

三、劳资关系

用人单位与劳动者发生劳动争议时，当事人可以依法申请调解、仲裁或提起诉讼，也可以协商解决。解决劳动争议，应当根据合法、公正、及时处理的原则，依法维护劳动争议当事人的合法权益。

1. 调解

劳动争议发生后，当事人可以向本单位劳动争议调解委员会申请调解。

2. 仲裁

如劳动争议调解委员会调解不成，当事人一方要求仲裁，可以向劳动争议仲裁委员会申请仲裁。当事人一方也可以直接向劳动争议仲裁委员会申请仲裁。

3. 诉讼

对仲裁裁决不服的，可以向人民法院提起诉讼。

第二节 《中华人民共和国劳动合同法》相关知识

《中华人民共和国劳动合同法》（以下简称《劳动合同法》）的制定旨在完善劳动合同制度，明确劳动合同双方当事人的权利和义务，保护劳动者的合法权益，构建和发展和谐稳定的劳动关系。《劳动合同法》由第十届全国人民代表大会常务委员会第二十八次会议于2007年6月29日修订通过，自2008年1月1日起施行；根据2012年12

月 28 日第十一届全国人民代表大会常务委员会第三十次会议《关于修改〈中华人民共和国劳动合同法〉的决定》修正，自 2013 年 7 月 1 日起施行。

一、劳动者合法权益

1. 合同订立原则

《劳动合同法》规定，遵循合法、公平、平等自愿、协商一致、诚实信用的原则，依法订立的合同具有约束力，用人单位与劳动者应当履行劳动合同约定的义务。

2. 明确双方权利义务

用人单位依法建立和完善劳动规章制度，保障劳动者享有劳动权利、履行劳动义务。劳动者也应依法履行自己的工作职责和劳动义务。

3. 构建和谐劳动关系

县级以上人民政府劳动行政部门会同工会和企业方面代表，建立健全协调劳动关系三方机制，共同研究解决有关劳动关系的重大问题。

二、劳动关系的订立

用人单位自用工之日起即与劳动者建立劳动关系。

1. 遵守法律

用人单位与劳动者都应遵守《劳动合同法》的准则要求。

2. 平等自愿

用人单位与劳动者之间应是平等自愿的相互协作关系。

3. 诚实守信

用人单位与劳动者之间的合作应是坦诚相待、遵守信用的。

三、劳动关系的解除

用人单位与劳动者协商一致，可以解除劳动合同。

1. 劳动者解除

劳动者可以解除劳动合同的情况有：用人单位未按劳动合同约定提供劳动保护或劳动条件；未及时足额支付劳动报酬；未依法为劳动者缴纳社会保险费；损害劳动者利益。劳动者提前三十日以书面形式通知用人单位，可以解除劳动合同。劳动者在试用期内提前三日通知用人单位，可以解除劳动合同。

2. 用人单位解除

用人单位可以解除劳动合同的情况有：劳动者在试用期间被证明不符合录用条件；严重违反用人单位的规章制度；严重失职，营私舞弊，给用人单位造成重大损害；劳动者同时与其他用人单位建立劳动关系，对完成本单位的工作任务造成严重影响，或者经用人单位提出，拒不改正。

3. 合同终止

劳动合同自然终止的情况有：劳动合同期满；劳动者开始依法享受基本养老保险待遇；劳动者死亡，或者被人民法院宣告死亡或者宣告失踪；用人单位被依法宣布破产；用人单位被吊销营业执照、责令关闭、撤销或者用人单位决定提前解散。

四、茶艺馆的劳动合同签订

1. 茶艺馆履行的职责

（1）用人单位真实名称。用人单位应将真实名称告知劳动者。

（2）工作内容和地点。茶艺馆在招用茶艺师等服务人员时，应当如实告知工作内容、工作地点、工作条件、职业危害、安全生产状况等。

（3）工作时间和休息时间。茶艺馆应当严格执行劳动定额标准，不得强迫或者变相强迫劳动者在固定工作时间之外加班。如在休息时间加班，茶艺馆应按照国家有关规定向劳动者支付加班费。

（4）劳动报酬。茶艺馆应当按照劳动合同约定和国家规定，向茶艺师及时支付劳动报酬。

2. 茶艺师履行的职责

（1）履行合同。茶艺师应当按照劳动合同的约定，履行自己的工作义务。

（2）按时工作。茶艺师应按照劳动合同要求按时准点工作，不得无故迟到、旷工，有事需事先请假。

（3）提高技能。茶艺师应不断提高服务技能。茶艺馆可为茶艺师提供专项技能培训费用，对其进行专业技能培训。

（4）遵守制度。作为茶艺馆的职员，茶艺师应严格遵守单位的规章制度，履行自己的工作职责，不随意违反用人单位的各项制度。

第三节 《中华人民共和国食品安全法》相关知识

《中华人民共和国食品安全法》（以下简称《食品安全法》）是全国人民代表大会常务委员会批准的国家法律文件，于 2009 年 2 月 28 日通过，2015 年 4 月 24 日修订。现行的《食品安全法》于 2018 年 12 月 29 日修正。

茶艺馆、茶楼、茶室是比较特殊的服务场所，它不仅仅是欣赏茶艺的舞台，还是人们品茶、用食的地方。这就要求茶艺师对《食品安全法》常识有所了解。

一、《食品安全法》的范畴

在中华人民共和国境内从事下列活动，应当遵守本法：

1. 食品生产和加工（以下称食品生产），食品销售和餐饮服务（以下称食品经营）。
2. 食品添加剂的生产经营。
3. 用于食品的包装材料、容器、洗涤剂、消毒剂和用于食品生产经营的工具、设备（以下称食品相关产品）的生产经营。
4. 食品生产经营者使用食品添加剂、食品相关产品。
5. 食品的储存和运输。
6. 对食品、食品添加剂、食品相关产品的安全管理。

供食用的源于农业的初级产品（以下称食用农产品）的质量安全管理，遵守《中华人民共和国农产品质量安全法》的规定。但是，食用农产品的市场销售、有关质量安全标准的制定、有关安全信息的公布和本法对农业投入品作出规定的，应当遵守本法的规定。

二、《食品安全法》的要求

1. 食品安全工作实行预防为主、风险管理、全程控制、社会共治，建立科学、严格的监督管理制度。
2. 食品生产经营者对其生产经营食品的安全负责。食品生产经营者应当依照法律、法规和食品安全标准从事生产经营活动，保证食品安全，诚信自律，对社会和公众负责，接受社会监督，承担社会责任。

3. 制定食品安全标准，应当以保障公众身体健康为宗旨，做到科学合理、安全可靠。食品安全标准是强制执行的标准。

三、食品安全的监管机构与职能

1. 国务院设立食品安全委员会

国务院食品安全监督管理部门依照本法和国务院规定的职责，对食品生产经营活动实施监督管理。

国务院卫生行政部门依照本法和国务院规定的职责，组织开展食品安全风险监测和风险评估，会同国务院食品安全监督管理部门制定并公布食品安全国家标准。国务院其他有关部门依照本法和国务院规定的职责，承担有关食品安全工作。

2. 县级以上地方人民政府监管

县级以上地方人民政府对本行政区域的食品安全监督管理工作负责，统一领导、组织、协调本行政区域的食品安全监督管理工作以及食品安全突发事件应对工作，建立健全食品安全全程监督管理工作机制和信息共享机制。

县级以上地方人民政府依照本法和国务院的规定，确定本级食品安全监督管理部门、卫生行政部门和其他有关部门的职责。有关部门在各自职责范围内负责本行政区域的食品安全监督管理工作。县级人民政府食品安全监督管理部门可以在乡镇或者特定区域设立派出机构。

县级以上地方人民政府实行食品安全监督管理责任制。上级人民政府负责对下一级人民政府的食品安全监督管理工作进行评议、考核。县级以上地方人民政府负责对本级食品安全监督管理部门和其他有关部门的食品安全监督管理工作进行评议、考核。

县级以上人民政府应当将食品安全工作纳入本级国民经济和社会发展规划，将食品安全工作经费列入本级政府财政预算，加强食品安全监督管理能力建设，为食品安全工作提供保障。县级以上人民政府食品安全监督管理部门和其他有关部门应当加强沟通、密切配合，按照各自职责分工，依法行使职权，承担责任。

3. 食品行业协会督促

食品行业协会应当加强行业自律，按照章程建立健全行业规范和奖惩机制，提供食品安全信息、技术等服务，引导和督促食品生产经营者依法生产经营，推动行业诚信建设，宣传、普及食品安全知识。

消费者协会和其他消费者组织对违反本法规定，损害消费者合法权益的行为，依法进行社会监督。

四、《食品安全法》的实施

1. 宣传引导

各级人民政府应当加强食品安全的宣传教育，普及食品安全知识，鼓励社会组织、基层群众性自治组织、食品生产经营者开展食品安全法律、法规以及食品安全标准和知识的普及工作，倡导健康的饮食方式，增强消费者食品安全意识和自我保护能力。

新闻媒体应当开展食品安全法律、法规以及食品安全标准和知识的公益宣传，并对食品安全违法行为进行舆论监督。有关食品安全的宣传报道应当真实、公正。

2. 研究开发

国家鼓励和支持开展与食品安全有关的基础研究、应用研究，鼓励和支持食品生产经营者为提高食品安全水平采用先进技术和先进管理规范。

国家对农药的使用实行严格的管理制度，加快淘汰剧毒、高毒、高残留农药，推动替代产品的研发和应用，鼓励使用高效、低毒、低残留农药。

第四节 《中华人民共和国消费者权益保护法》相关知识

《中华人民共和国消费者权益保护法》（以下简称《消费者权益保护法》）是为了保护消费者的合法权益，维护社会经济秩序，促进社会主义市场经济健康发展而制定的。《消费者权益保护法》于1993年10月31日第八届全国人民代表大会常务委员会第四次会议通过，自1994年1月1日起施行；根据2009年8月27日第十一届全国人民代表大会常务委员会第十次会议《关于修改部分法律的规定》第一次修正；根据2013年10月25日第十二届全国人民代表大会常务委员会第五次会议《关于修改〈中华人民共和国消费者权益保护法〉的决定》第二次修正，自2014年3月15日起实施。

茶艺师在日常服务工作当中，必须把握自身工作的特点，对于来到茶艺馆、茶楼、茶庄消费的宾客，既要礼貌待客，同时又要对消费者的合法权益有所了解，这样才能成为一名合格的茶艺师。

一、消费者的合法权益

消费者权益是指消费者在购买、使用商品或接受服务时依法享有的权利和该权利受到保护时给消费者带来的利益。

1. 安全保障权

消费者在购买、使用商品和接受服务时，享有人身、财产安全不受损害的权利。

2. 知情权

消费者享有知悉其购买、使用的商品或者接受的服务的真实情况的权利。

3. 自主选择权

消费者享有自主选择商品或者服务的权利。

4. 公平交易权

消费者享有公平交易的权利。

5. 获取赔偿权

消费者因购买、使用商品或者接受服务受到人身、财产损害的，享有依法获得赔偿的权利。

6. 结社权

消费者享有依法成立维护自我合法权益的社会组织的权利。

7. 获取相关知识权

消费者享有获得有关消费和消费者权益保护方面的知识的权利。

8. 尊重权

消费者在购买、使用商品和接受服务时，享有人格尊严、民族风俗习惯得到尊重的权利，享有个人信息依法得到保护的权利。

9. 监督权

消费者享有对商品和服务以及保护消费者权益工作进行监督的权利。

二、权益的保障

消费者与经营者是消费活动中相对应的主体，消费者权利的实现有赖于经营者义务的履行。因此，《消费者权益保护法》通过严格规定经营者的义务来实现对消费者权益的保障。

1. 履行义务

经营者向消费者提供商品或者服务，应当依照本法和其他有关法律、法规的规定履行义务。双方有约定的，应按照约定履行义务，但约定不得违法。

2. 接受监督

经营者应当听取消费者对其提供的商品或服务的意见，接受消费者的监督。

3. 保证安全

经营者应当保证其提供的商品或服务符合保障人身、财产安全的要求。

4. 信息真实

经营者应当向消费者提供有关商品或者服务的真实信息，不得作虚假或引人误解的宣传。

5. 名称和标记真实

经营者应当标明其真实名称和标记。租赁他人柜台或者场地的经营者，应当标明其真实名称和标记。

6. 出具凭证

经营者提供商品或者服务，应当按照国家有关规定或者商业惯例向消费者出具发票等购货凭证或者服务单据；消费者索要发票等购货凭证或者服务单据的，经营者必须出具。

7. 质量保证

经营者应当保证在正常使用商品或者接受服务的情况下，其提供的商品或者服务应当具有的质量、性能、用途和有效期限。

8. 售后服务

经营者提供商品或者服务，按照国家规定或者与消费者的约定，承担包修、包换、包退或者其他责任的，应当按照国家规定或者约定履行。

9. 公平交易

经营者不得以格式合同、通知、声明、店堂告示等方式作出对消费者不公平、不合理的规定，或者减轻、免除其损害消费者合法权益应当承担的民事责任。

10. 维护消费者人格权

经营者不得对消费者进行侮辱、诽谤，不得搜查消费者的身体及其携带的物品，不得侵犯消费者的人身自由。

三、权益纠纷的处理

消费者与经营者发生权益纠纷，可与经营者协商和解；可请求消费者协会调解；可向有关行政部门投诉；可根据与经营者达成的仲裁协议提请仲裁机构仲裁；可向人民法院提起诉讼。

第五节 《公共场所卫生管理条例》相关知识

《公共场所卫生管理条例》的制定旨在创造良好的公共场所卫生条件，预防疾病，保障人体健康。本条例于 2019 年 4 月 23 日修订并实施。

茶艺师工作的场所人来人往，公共场所卫生管理的法律常识自然也是茶艺师需要了解和关心的。

一、《公共场所卫生管理条例》的内容

《公共场所卫生管理条例》的内容主要包括：本条例适用的公共场所的范围，公共场所应符合国家卫生标准和要求的项目，公共场所的"卫生许可证"制度，公共场所的主管部门的卫生管理制度，公共场所经营单位的卫生责任制度，卫生防疫机构对本辖区范围内的公共场所的卫生监督职责，公共场所经营者违反本条例应承担的法律责任，公共场所卫生监督机构和卫生监督员违法应承担的法律责任。

二、餐饮服务场所的公共场所卫生许可证和食品经营许可证整合

2016 年 2 月 29 日，《国务院关于整合调整餐饮服务场所的公共场所卫生许可证和食品经营许可证的决定》（国发〔2016〕12 号）为贯彻落实简政放权、放管结合、优化服务、协同推进的部署，减少对餐饮企业重复发证、重复监管，切实减轻企业负担，同时进一步明确和强化监管责任，保障食品安全，作出如下决定。

1. **取消餐饮服务场所公共场所卫生许可证**

取消地方卫生部门对饭馆、咖啡馆、酒吧、茶座四类公共场所核发的卫生许可证，有关食品安全许可内容整合进食品药品监管部门核发的食品经营许可证，由食品药品监管部门一家许可、统一监管。

2. **规范和改进食品经营许可证管理**

取消餐饮服务场所的公共场所卫生许可证后，各级食品药品监管部门要切实落实对餐饮企业的监管责任，进一步规范食品经营许可证审批和发放行为，依法依规依标

准进行事前审查，编制服务指南，制定内部审查细则，优化审批流程，缩短审批时限，实行办理时限承诺制，着力提高办证效率。

3. 加强对餐饮服务场所的事中事后监管

地方食品药品监管部门要加强对餐饮服务场所的监管，改进监管方式，建立信用体系，完善科学的抽查制度、责任追溯制度、黑名单制度和市场退出机制等，确保餐饮服务场所食品安全。食品药品监管部门接到传染病疫情及隐患的报告后，要及时向卫生部门通报。卫生部门要主动监测、收集、分析、调查、核实相关传染病疫情，依据传染病防治法等法律法规指导采取预防和应对措施。

三、茶艺馆相关管理规定

作为公共场所的茶艺馆，必须遵守《公共场所卫生管理条例》的相关规定。其中，涉及茶艺馆与人员的内容如下。

1. 国家卫生标准和要求

（1）空气、微小气候（湿度、温度、风速）。

（2）水质。

（3）采光。

（4）噪声。

（5）宾客用具。

（6）卫生设施。

2. 员工卫生知识的培训与考核

经营单位应当负责所经营的公共场所的卫生管理，建立卫生责任制度，对本单位的从业人员进行卫生知识的培训和考核工作。

3. 茶艺馆服务人员的要求

公共场所直接为宾客服务的人员，持有"健康合格证"方能从事本职工作。患有痢疾、伤寒、病毒性肝炎、活动期肺结核、化脓性或者渗出性皮肤病以及其他有碍公共卫生的疾病，治愈前不得从事直接为宾客服务的工作。